别让不好意思毁了你

不是教你玩阴的，教给你的，是最现实的生存法则
不是教你弄虚的，教给你的，是最实在的处事之道

BIERANG BUHAO YISI HUILENI

闯荡社会的必修课，让自己不中枪、不憋气的处世哲学

谢国计 / 著

九州出版社
JIUZHOUPRESS

图书在版编目（CIP）数据

别让不好意思毁了你 / 谢国计著 . -- 北京 : 九州出版社，2013. 9

ISBN 978-7-5108-2339-8

Ⅰ. ①别… Ⅱ. ①谢… Ⅲ. ①成功心理—通俗读物 Ⅳ. ①B848. 4-49

中国版本图书馆 CIP 数据核字（2013）第 224478 号

别让不好意思毁了你

作　　者　谢国计　著
出版发行　九州出版社
出 版 人　黄宪华
地　　址　北京市西城区阜外大街甲 35 号（100037）
发行电话　(010)68992190/2/3/5/6
网　　址　www.jiuzhoupress.com
电子信箱　jiuzhou@jiuzhoupress.com
印　　刷　北京建泰印刷有限公司
开　　本　787 毫米 ×1092 毫米　16 开
印　　张　14
字　　数　160 千字
版　　次　2014 年 1 月第 1 版
印　　次　2014 年 1 月第 1 次印刷
书　　号　ISBN 978-7-5108-2339-8
定　　价　32.00 元

前言

PREFACE

你还在“不好意思”吗?

亲朋好友都是住大房子、开好车，你好意思说自己没房没车吗？同学们的收入都是年薪，你好意思说自己是名副其实的“月光族”吗？别人都在晒着三亚的风景，甚至是西欧的旅行，你好意思承认自己一到周末只能“宅”在家里吗？……

生活中总是有这么多的“不好意思”，我们“不好意思”承认自己的困窘，于是打肿脸也要充胖子；

我们不好意思承认自己单身，所以哪怕是租“恋人”也要假装得甜甜蜜蜜；

我们不好意思拒绝他人，所以本就不多的钱财今天借给了她，明天又借给了他，结果最穷的反倒成了自己；

我们不好意思大胆推销自己，所以哪怕是遇上了千载难逢的好机遇，最终也免不了名落孙山的悲惨结局；

我们不好意思向别人求助，所以不管遇上了多大的困难都咬着牙一个人扛，可是结果却并不会因为坚强而变样；

我们不好意思奉承赞美他人，所以总是装作一副正直严谨的样子，然而不仅没能修炼出高风亮节，反倒成了被众人嫌弃的“冷漠”人；

…………

看看自己的周围，有多少人都败在了“不好意思”上。再看看自己，你是否也在“不好意思”？

为了面子，为了掩饰我们的“不好意思”，整天都做着违心的事，明明无能为力的事，非要拍着胸脯打保票，结果却是吃力不讨好，牙齿被打落了，也只能混着血往肚子里吞，可是，仔细想一想，这样做值得吗？对于大多数普通人来说，这样的“不好意思”是不是过于昂贵？

人们整天都在讲“面子”，比“面子”，论“排场”，可是又有几人知道面子的本质究竟是什么呢？我们又为什么要讲面子，难道说有了面子就等于人生有了价值吗？任何一个人的价值都不能用面子来衡量，从这个角度来讲，我们为面子所做出的种种牺牲都是徒劳无用的。一个人要想有成就，就必须要闯过“面子关”。

中国有这样一句古话，“死要面子活受罪”，明明是个普通工薪族，为了面子，哪怕忍饥挨饿，节衣缩食也非要买大房子，结果却因此而背上了巨额贷款，苦不堪言。时下，中国人的生活越来越富裕，追求更高的生活水平本来无可厚非，但打肿脸充胖子就不是很可取了。

人该为自己而活，而不是整天都活在别人的眼睛和嘴巴里，所以千万别让面子害了自己，更不能因为“不好意思”就丢了自我，丢了做人的尊严和硬气。“面子”只是锦上添花的东西，而尊严才是我们活下去的动力，所以，做人不用太要面子，但一定要有尊严，有坚持自我的勇气。

面子是虚荣的外衣，如果舍不得扔掉它，那么，只能任凭这颗心灵的毒瘤侵蚀我们的精力与生活的快乐。不管是在工作还是生活中，处处都考虑“面子”，注定会一事无成，所以，聪明人不会让“面子”阻挡自己攀登成功的高峰。只有那些勇敢地蜕掉虚荣“面子”外衣的人，才能“破茧成蝶”，迎来胜利的新生。

这个社会有太多五彩缤纷的诱惑，这个世界充斥着各种各样的声音，在物欲中迷失自我，在放纵中堕落到深渊，在颓废中忘记本真……有多少人早已忘了自己本身，他们已经成为名副其实的“面子”傀儡，在“面子”的支配下上演着一出又一出的木偶戏。

上帝让人类心口相连，以便我们开口说心事，然而在现实生活中，却处处充斥着假话、空话、大话……“不好意思”说残酷事实，“不好意思”批评对方的错误，“不好意思”与他人翻脸，我们总有那么多口是心非的借口，但殊不知因果相连，苦的还是自己。

所以，从现在开始，别再“不好意思”，它不过是藏在我们心中的魔鬼，迈不过这个坎，永远都无法在人前树起尊严。如果不想过永无出头的日子，如果不想因为羞怯而丢人现眼，那么，从现在开始就做一个拒绝“不好意思”的人吧！

目录

CONTENTS

第一章

因为面子而“不好意思”只能活受罪

既然死要面子，那么就要做好受罪的准备。不好意思拒绝他人，不好意思争抢机会，不好意思扮“黑脸”……每个人都有那么多的“不好意思”，殊不知正是这种对面子的贪婪，阻挡了我们快乐生活的脚步。

第二章

过不去“不好意思”这道心理关，就只能活在自己的小世界里

再多的“不好意思”也不过是藏在心中的魔鬼，迈不过这个坎，永远都无法在人前树起尊严。如果不想过永无出头的日子，如果不想因为羞怯而丢人现眼，那么，从现在开始就做一个拒绝“不好意思”的人吧！

第三章
不要因为“不好意思”而口是心非，这样只能自己吞苦果

上帝让人类心口相连，以便我们开口说心事，然而在现实生活中，却处处充斥着假话、空话、大话……“不好意思”说残酷事实，“不好意思”批评对方的错误，“不好意思”与他人翻脸，我们总有那么多口是心非的借口，但殊不知因果相连，苦的还是自己。

第四章
听从内心的声音，别让“不好意思”牵着鼻子走

光怪陆离的社会，五彩缤纷的诱惑，这个世界总是充斥着各种各样的声音，在物欲中迷失自我，在放纵中堕落到深渊，在颓废中忘记本真……有多少人早已忘了自己本身，他们已经成为名副其实的“面子”傀儡，在“面子”的支配下上演着一出又一出的木偶戏。

第五章
学会巧妙地拒绝，别让“不好意思”伤害了你

当今社会，构建健康的人际关系，不仅仅是与他人友好相处那么简单。我们必须要具备的技巧就是“拒绝”。通过拒绝，能够保护自己不受伤害，并在此基础上得到对方的认可。对于每一个人而言，拒绝都不是一件简单的事，但当对方微笑着接受我们的拒绝时，那种心情真的非常惬意。所以，学会巧妙地拒绝别人吧，拒绝他人是生活中的一种艺术与技巧，学会灵活地运用它，会使你生活得从容不迫。

第六章

懂点厚黑学，别让“不好意思”成为社交的障碍

在与人交往中，没有“厚”的工夫是不行的。如果一个人因为害羞腼腆，过于在意自己的脸面，而不能忍受来自各方面的讽刺和侮辱，甚至觉得不好意思而不敢大胆地表现自己，那他必定一事所成。我们还要讲究“黑”，它应该是正当的、睿智的、有策略的处世哲学。现代人一定要懂点厚黑学，才会在社交之路上畅通无阻。

第七章

学点心计学，别让“不好意思”成了成功的绊脚石

我们生活的世界是残酷的，人们需要戴着面具生活。在不同的场合，对待不同的人，我们要用不同的表情、不同的方式来应对。这种应对的实质就是心计。要学会面对人与人之间的相处和竞争，不要让“不好意思”成为阻碍成功的绊脚石，面对世界的纷繁复杂必须要有立身的谋略和计策。

第八章
读懂他人心，该抹开面子时别“不好意思”

读懂人心似乎是世界上最难的事情，不好意思似乎是我们生活中的一个常态，这二者结合起来更是让人手足无措。我们感激这个世界给我们的善意，但是如果你发现了对方的恶意，却因为面子而不好意思拒绝，那么给自己带来的只能是无穷的烦恼。我们一生中会接触到无数关于面子的问题，而得到的机会却少之又少，如何才能抓住这少之又少的机会？这就需要我们睁大双眼，看清对方的意图，当机立断，该果断抹开面子时就要果断抹开面子，抓住机会，这才是我们的成功之道。

第九章
活学妙用“不好意思”，在应酬中游刃有余

应酬是我们每个人在交往过程中不得不参与的一项重要活动。在应酬当中，我们可以得到想要了解的信息、达到想要的目的。应酬场合是我们迈向成功的重要转折点。要想在应酬当中如鱼得水，不得不注意的就是应酬策略。采用正确的方法是我们成功的催化剂。在这些策略中，如果能够很好地利用“不好意思”，就能够在应酬中游刃有余。

第十章
选择“不好意思”，持之有度，让生活变得更有“意思”

生活中总会遭遇迫不得已的境地，或是人际交往，或是事业成败。其实不是咬牙坚持到底才是真英雄，学会“不好意思”，灵活善用“不好意思”，会发现生活更有“意思”。

第一章

DI YI ZHANG

因为面子而“不好意思”只能活受罪

既然死要面子，那么就要做好受罪的准备。不好意思拒绝他人，不好意思争抢机会，不好意思扮“黑脸”……每个人都有那么多的“不好意思”，殊不知正是这种对面子的贪婪，阻挡了我们快乐生活的脚步。

1
为什么中国人大多好面子

俗话说，人活一张脸，树活一张皮。好面子是人的一种本性，而这种本性在以礼仪闻名世界的中国人身上展现得尤为明显。从校园里的考试排名，到工作后的收入，再到买房买车，甚至子女情况……我们穷其一生都在为了面子而奋斗，为了面子，哪怕考试成绩很差也不愿意在人前承认，有些人还不惜为此编造谎言；为了面子，不少人咬紧牙关也要买好车、住大房、穿名牌衣服，仿佛只有这样才能被人看得起，才能过得幸福快乐，可是，仔细想一想，果真如此吗？

不论我们是谁，生活在哪里，扮演着怎样的角色，谁都不是为了别人而活，而是为了自己。中国有句老话叫做“死要面子活受罪”，事实上，这句话很恰当地反映了那些太爱面子的人的真实情况。

现实生活中，每个人都爱面子，可是面子究竟是什么呢？难道仅仅是一张脸吗？通俗地讲，面子是一种心理障碍，所以当我们第一次面试被拒绝的时候，会感到难堪，会对即将而来的面试产生抵触心理。面子是不好意思，因为太过于爱面子，所以有人抵触求助，认为寻求帮助特别不好意思，但人属于群居动物，很多事情都需要互帮互助，为了避免不好意思就缩小社交圈，这实在不是明智之举。

那么，面子究竟该不该要呢？面子好比是一条变色龙，会随着环境而不断地变换角色。家庭、工作、社交，场合不同，面子给我们带来的影响也不同。所以，唯有正确理解面子，才能避免败在不好意思上。不管是把面子理解宽了还是窄了，都可能会演变成一种人生负担，倘若仅仅为了面子，而背着沉重的包袱吃力前行，那就得不偿失了。但在现实生活中，人们的贪念往往会把面子无限放大，从而无形中降低了生活质量，这也正是现代都市人幸福感低的重要原因之一。

小陈是知名美术院校的高材生，毕业后她凭借自己过硬的专业功底进入一家时尚杂志社担任美编。事实上，不少朋友都很羡慕小陈，因为她始终都走在时尚最前沿，但却没几个人知道她的烦恼。尽管小陈的收入还算不错，但在同事面前她常常觉着没面子，抬不起头来。

看着周围的同事穿的是国际大牌，背得是上万块的包包，再反观自己的寒酸，小陈觉得脸上实在挂不住，所以为了找回点面子，除了基本的生活消费，她把剩下的钱基本都花在了置办行头上。曾经有一次，为了省钱买个 LV 的包，她连续一个月一天只吃一餐。在朋友们眼中，她是时尚漂亮的富家女，但实际上她出身很普通，父母都是退休教师，生活虽然小康但还远远没有达到可以随意挥霍的程度。

转眼两年过去了，周围的同学和朋友们买房的买房，买车的买车，而小陈则因为是个典型的月光族，根本就没有多少存款，更不用说买房买车了。在一年一度的同学聚会上，当大家谈论着房子车子时，小陈感到十分不好意思，这让她萌生出了一个十分坚定的信念：买房需要的资金实在太多，况且自己又是女孩子，所以无论如何都要买辆车。

实际上，小陈太爱面子了，但她自己丝毫没有意识到这一点，反而在面子的泥潭中越挣扎越深，生活也越来越枯燥无味。为了在同学中显得有面子，她不考虑个人需求盲目地决定买车，实际上她根本没有意识到，自己已经被所谓的“面子”绑架了。

在接下来的日子里，她开始看车，普通的车没档次，实在看不上眼，她比较中意的是一款四十万左右的奥迪。为了买下这辆车，她东挪西凑，甚至把父母的养老钱都拿了出来，好不容易凑够了首付，剩下的则办理了为期十年的银行贷款。自此以后，小陈的生活水平直线下降，沉重的还款负担让她整日都生活在忧心忡忡之中。

为了还车贷，她减少了日常支出，以前还常常和朋友们聚餐、看电影、旅游，现在则不得不放弃这些活动，除了上班，只能整天都窝在家里不出门。虽说有了车，但车辆的保养、燃油等支出也是一笔不小的数目，所以一般情况下，她很少开车出门，只有在同学聚会等场合，才会开着自己颇为得意的坐骑前往，而平时则是停在车库里积灰。

实际上，我们很容易就可以看出故事中小陈的做法并不明智，但在现实生活中，像小陈这样的人并不在少数。本来买经济车型就能满足需求，但为了在攀比时显得有面子，为了避免在人前不好意思，结果严重透支非要买豪华车型，反倒因面子而受累。

龙应台曾说过，人瘦并不可耻，可耻的是把自己的脸打肿了来冒充胖子。在如今这个物欲横流的社会，不断膨胀的虚荣心仿佛是一场来势汹汹的瘟疫，谁都不能幸免于难，殊不知隐藏在虚荣心背后的面子，就是一只纸老虎，表面看起来风光无限，实际则是轻轻一捅就会破。工薪阶层买奢侈品装点门面，一些青年男女为了买苹果手机甚至不惜去卖血。面子与吃穿住行并不对等，只有空虚的心灵才会流于追求如此肤浅的面子。

众所周知，吃饭宴请是一种十分传统的待客之道，但如今吃饭宴请也在人们追逐面子的过程中越发恶俗。在现实生活中，往往越是穷人越是喜欢请客，这种现象背后的罪魁祸首就是“排场”。不管是婚宴还是生日宴，甚至是幼儿满月、老人丧礼，排场简直是无孔不入。哪怕是一件小事，也要大操大办，不惜耗费大量财富，仿佛只有这样才会好看、风光、气派，否则就没法在亲朋好友面前抬起头来。

其实，人们大讲排场的背后还是面子在作怪。仔细想想，什么是好看？怎样才能算得上风光、气派？排场不过是外在形式而已，如果仅仅为了这点外在的东西，就大肆浪费钱财，甚至遇事都被面子牵着走，那么又何来的尊严和自由？

实际上，人才是世间万物的灵长，所有身外物都是为人服务的，而我们却忘记了它们原本的使用价值，反而将其视为一种虚无缥缈的面子象征。面子就像一双外表华丽却难穿的鞋子，虽然华丽的外表可以让人有面子，但活在他人眼中注定无法快乐。既然如此，何不丢掉攀比的坏习惯，抛开作祟的虚荣心，从今天开始摆脱“面子”造成的生活困扰，做一个简单轻松的都市快活人。

2

不要活在别人的眼睛和嘴巴里

在人的一生之中，总有一些事情是别人无法替代的。尽管绝大多数人都有疼爱自己的父母，真心相爱的恋人，情感真挚的朋友，但在生活态度上，谁也没法代替你。当你因失败而痛哭流涕时，无论父母多爱你，也无法切身体会你的纠结与难过；当你被恶语中伤时，尽管朋友的安慰是真心实意的，但难受的还是你自己。既然在人生的旅程中，我们是如此孤独，那么就不要太过在乎世俗的眼光。

据说，在挖掘特洛伊古城时，曾有一位考古学家发现了一面铜镜，上边刻有一句颇有哲理的话：当所有人认为你向左时，我知道你一直向右。事实上，真理往往是掌握在少数人手中的，所以，完全没有必要活在他人的眼睛和嘴巴里，更没必要被众人的胡言乱语而乱了心神，丢了快乐。

在现实生活中，绝大部分人太过在乎他人的眼光。别人认为你穿着土气，没品位，于是你便开始整日研究时装，购买最新最潮流的衣服鞋帽；别人认为你小气抠门，你便特地给大家买礼物，请客吃饭……看看我们的周围吧，有多少人在为他人而活？仅仅为了别人无心的一句话，便开始惶惶不安甚至有针对性的改变，表面看来这是为了让自己更加完美，但殊不知，谁也不是人民币，哪怕再改变，也永远都无法做到人人喜欢，所以，又何苦因为他人的一言一行而苦恼呢?

人们常说“吐沫星子也能淹死人”，实际上，这并非是危言耸听。古有哥白尼因为坚持真理，而被愚昧的教徒迫害至死，今有因为闲言碎语而选择自杀的可怜人。别人的眼睛和嘴巴仿佛是坚不可摧的杀人利器，凡是太爱面子的人都会被其所伤，甚至是丢掉性命。不论怎样，生活是自己的，所以走自己的路，让别人说去吧！唯有真我本色，才能给我们带来毫无负担的快乐。

三十五岁的老陈是当地一家知名企业的中层管理人员，每天早晨当他衣冠楚楚的去上班时，常常会听到类似“陈经理，去上班啊!”的招呼声，这令他极为满意。在别人眼中，老陈是一个典型的成功人士，在单位中是领导，在生活上虽然算不上大富大贵，但也是衣食无忧。为了博得他人的夸奖和艳羡，老陈十分注意一家人的外在形象，哪怕是妻子上街买菜，也得穿得体体面面才能出门，而且买菜绝对不能去菜市场，那多掉价啊，去超市才勉强算符合身份。

然而，天有不测风云，就在前不久，老陈所在的公司进行内部改革，他被莫名其妙地解雇了。屋漏偏逢连夜雨，紧接着老陈在股市的投资也被套牢了，原本的富足之家，经济很快就陷入拮据的泥潭。大陈的妻子是一名普通的小学教师，尽管工作看起来十分体面，但收入却一般，仅靠妻子每月两千多元的收入维持一个三口之家，实在是勉勉强强。

老陈被解雇后开始四处找工作，但能够找到的都是一些基层的工作岗位，而老陈放不下架子，根本拉不下脸面去基层上班，所以整天都窝在家里。每天早晨，他还是和往常一样打扮得衣冠楚楚站在小区里，俨然一副领导样。当别人询问他的工作状况时，他常常会嗤之以鼻，对在基层上班的人们十分不屑。

由于太爱面子，他放不下曾经的“领导”生活，为了继续维护成功人士的良好形象，为了堵住众口，他开始整日在大街上游手好闲，每天早晨打电话给那些做生意发财或有一官半职的故交老友，看看能否混上几个饭局。到了傍晚赴约的时候，他便油光满面西装革履地出门了，直到深夜大醉而归。

每当妻子和相熟的人问起，老陈总是洋洋得意地回答：“我和一个资产上亿元的朋友谈了点生意。”仗着曾经在领导岗位，认识的达官贵人也比较多，有了他们给自己脸上涂脂抹粉，老陈在老婆儿子和亲戚好友中可谓挣足了面子。但他上有住院的母亲，下有上学的儿子，妻子微薄的收入根本就是捉襟见肘，但他全然不顾自己一家老小如何生活，为了自己的面子，他不愿意去找份普通工作减轻家庭经济负担，用他自己的话来说，自己说什么也是一个小领导，怎么能去基层工作呢？实在丢不起那人。

为了这些事，老陈和妻子常常吵架，哪怕是妻子无心地说了一句谁升职了，谁家买车了，都会刺痛老陈敏感的神经，紧接着就是无休无止的争吵，老陈的生活仿佛走进了一个死胡同，除了无限恶性循环下去别无他法。

有时候，我们越是想维护自己的面子，就越是会失去尊严。故事中的老陈就是因为太在意别人的眼光和看法，所以宁愿忍受经济拮据，也绝不放下架子去解决眼前的困难，为了维护在妻子孩子和朋友们中的“成功人士”形象，为了不失面子，他不惜天天混饭局而全然不顾全家人的生活。已经丢失了人格尊严的老陈，在别人眼中再有面子，也不过是虚伪的假象，是彻底的自欺欺人。

世界上没有两片完全相同的树叶，也没有两个完全相同的人，不管你是谁，有着怎样的性格和追求，你都必须清楚一点：每个人都是世界上独一无二的，你就是你，他人就是他人，永远都不要为了面子，而按照世俗的眼光和标准来评判或者约束自己，保持自我本色才是最明智的生活方式。

他人的眼光是赞赏还是鄙夷，这些都不重要，重要的是你是否在乎。只要丢掉虚伪的面子，那么，无论他人对自己的评价是好还是坏，我们都可以毫无顾忌地继续自己的快乐。毕竟再恶毒的言论也不能给人身造成实质上的伤害，之所以会造成伤害，完全是因为那颗太在乎面子的心。

鲁迅曾经说过，真的勇士敢于直面惨淡的人生，敢于正视淋漓的鲜血。旁人的眼光终究不过是惊鸿一瞥，转瞬就会随风而逝，无论是赞赏还是贬低，都抵不过时间的遗忘。行走在人生路上，好好欣赏沿途的美景才是重点，又何苦因为一个偶然经过的泥洼而忘了前方的美丽朝霞呢？

3 因为死要面子，导致与美丽的爱情擦肩而过

在爱情领域中，没有正确与错误，唯有爱还是不爱。所以，永远都不要试图和自己的爱人讲道理，从旁观者的角度而言，恋人之间根本没有道理可讲，因为爱情本身就是感性的，并非理性。很多时候，妻子或者女朋友生气并非是因为男人犯了什么不可饶恕的错误，而很可能只是因为说话的语气不够温柔。

对于单身的男人来说，如果在爱情问题上太要面子，不愿意主动放下架子与脸面去追求自己的意中人，那么，收获完美爱情的几率则是少之又少。要想最终赢得意中人的青睐，没有厚脸皮是行不通的，脸皮要厚，哪怕对方不领情也要主动示好，只有这样才能用自己的诚心和爱意感化对方，从而擦出爱情的火花。

其实女性又何尝不是如此呢，俗话说“得饶人处且饶人”，恋人间的小矛盾本来无可厚非，但有些女性朋友却总是习惯抓住对方的小辫子不放，仿佛只有这样才能在争吵中让自己不至于丢脸，但事实果真如此吗？因为太爱面子，所以不肯原谅对方，不愿意主动示弱说道歉，结果伤害了对方，也困扰了自己。既然如此，又为什么不试着放下面子呢？

美好的爱情就像一朵娇艳的玫瑰，但再好的玫瑰也迟早会随着时间而枯萎，如果我们不浇水、不施肥，爱情这朵花只会迅速凋零。没有人愿意和相爱的人擦肩而过，但在现实生活中，却有很多人因为放不下架子，放不下脸面，而眼睁睁地看着爱人离自己原来越远，而自己则站在原地，不愿意主动去挽留。仔细想一想，究竟是面子重要，还是终生的幸福重要呢？为了一时的争强好胜，反倒丢失了一个深爱自己的人，这实在不是什么明智之举。所以，在爱人面前，学会放下面子吧！只有这样才能品尝爱

情的甜蜜。

三十岁的王慧不仅知性漂亮，工作能力也是出类拔萃，所以年仅三十岁的她便理所当然地成了公司最年轻的副总。作为公司的高层领导，王慧平时的工作十分繁忙，当然收入也很丰厚。她的老公是一名普通的律师，与王慧年入上百万相比，显得逊色很多。尽管收入存在较大差距，但两人的感情一向很好，丈夫理解妻子工作忙碌，所以承担了大部分家务，对王慧更是爱护有加。

又是一个愉快的周末，王慧原本打算和老公一起看电影，然而突如其来的一个电话打乱了她的计划。由于公司有急事需要处理，所以她匆匆和老公告别，然后挎着公文包拿着车钥匙急急忙忙出门了。

由于王慧在临走前说事情并不多，晚饭前应该就能回来，心疼妻子的丈夫想给她一个惊喜，所以专门买了新鲜牛肉和蔬菜，准备烤好牛排等着她一起享受烛光晚餐。谁知，牛排烤到一半，丈夫却接到了王慧晚上不回家吃饭的电话，所以只得作罢。

当王慧忙完所有事情回到家，已经是深夜了，拖着疲惫的身躯换好拖鞋后，她朝着卧室走去，直到这时她才发现门竟然锁了，所以只好敲门。紧接着，卧室里传来丈夫的声音，“谁”，王慧当然知道老公是明知故问，但刚刚结束工作的她思维还停留在工作中，所以想也没想便回答道：“王总。”然而等了许久还是不见开门的动静。

她再次敲门，丈夫还是问道，“谁”，王慧心知对方有点生气，所以收敛了职场女强人的气势后，平和地回答道：“是我，王慧。”可是五分钟过去了，门还是没有开，这时王慧开始有点着急了，她放下所有的架子，温柔地说道，“我好累，老公，你打开门好不好?”。紧接着门开了，出现在王慧面前的是丈夫那张帅气温和的脸，他轻轻拥住她，温柔地在她额头上轻吻一下，然后很贴心地问她有没有吃晚饭。

试想一下，如果王慧回到家仍然不愿意放下副总的面子，那么最终而来的不是丈夫的脉脉温情，而是一场火光四射的争吵了。在爱情和婚姻中，永远都没有胜利者，争吵的结果只能是两败俱伤。

不论男女，你是职场中呼风唤雨的风云人物也好，商界中的年轻翘楚也罢，回到家你都只是一个普通的丈夫或妻子，所以聪明人懂得在恋爱和家庭生活中放下架子，因为只有这样，才不会与爱情擦肩而过。

可是，在现实的恋爱和婚姻中，绝大多数人都十分在意自己的面子，甚至不惜为了脸面而亲手葬送美满的婚姻与爱情。有些夫妻早已没有任何感情，但为了彼此的面子，为了在亲戚朋友们面前显得好看，仍然勉强凑合在一起，人前是举案齐眉的夫妻，人后则过着相互折磨的生活，如此沽名钓誉的爱情又怎么可能快乐呢？正如奥斯特洛夫斯基所说，“人的生命只有一次”，为了面子固守坟墓，就注定不能去寻找盛开的玫瑰，所以，如果过得不快乐，就放过对方吧，也放过自己。

除此以外，面子在爱情当中还有诸多表现形式，其中嫉妒就是最为常见的一种。一般说来，嫉妒被看做是死要面子的最恶劣的反映。有一部分人，仅仅是因为对方称赞的异性不是自己，就心生嫉妒，觉得面子上过不去，从而故意给对方难堪，这种情形在现实生活中屡见不鲜，实际上这样做有什么好处呢？除了点燃争吵的导火线毫无益处，这样的面子不要也罢。

年轻人接受新事物很快，所以他们走在时尚的前沿，在恋爱的表现上也是如此。时下，不少年轻男女喜欢装酷，认为够酷才有面子，实际上，这也是一种无知。面子是建立在经验、智慧等内在品质上的，而并非是浮于表面上的酷。在没有承受能力之前，千万不要装酷，装老道，否则很有可能会令事情失控，从而独自品尝放纵自我的爱情苦果。

感情是建立在平等基础上的，谁都不是圣人，能一辈子仰望爱人的更是寥寥无几，所以放下自己的架子吧，否则很有可能因为死要面子，而伤害了最爱的人，错过了最美的爱情。在爱情和婚姻的世界里，面子就是冷漠，是故意挖掘的鸿沟，是刺伤真情的刽子手，如果不愿意放下，只能亲手埋葬你的爱情，不管它曾经怎样美好过。

4

拣大的，挑好的，争了面子丢了生活

在现实生活中，每个人都在为了生活得更好而奋斗，但却很少有人想过什么样的生活才能算是更好呢？对于一个乞丐来说，有吃有住就是好生活；对于一个温饱家庭来说，小康就是好生活；对于一个富豪来说，赚取富可敌国的财富就是好生活……每个人的欲望不同，对好生活的定义也是千差万别，但所有人几乎都有一个共性，那就凡物都喜欢挑大的，拣好的，认为只有这样才是有面子。

人们在自己力所能及的范围内吃好的，用好的，住大房子，开好车，这本是无可厚非的事情，毕竟谁都希望生活的舒适自在。但仅仅是为了显得高人一等，处处与人争面子就不是很可取了。有一部分人，他们觉着只有穿的比别人贵，住的比别人豪华，才能突显自己的脸面和与众不同，所以，在争夺面子的泥潭中越陷越深，久而久之便忘记了生活，丢失了最淳朴的快乐。

金无足赤，人无完人，尽管道理谁都明白，但我们还是常常因为自己不够漂亮而苦恼，不够苗条而沮丧，不够聪明而遗憾，不够富有而伤神……实际上，这些都不是没有面子的理由，因为生活本身比什么都重要，而面子则是可有可无的附属品，如果连生活的本质都丢掉了，那么要面子又有什么用呢？

从马斯洛的需求理论来看，人对尊重感的需求即为大家平时所说的面子，这并非人最高层次的需求，而仅仅是建立在温饱生存基础之上的中层需求，人最高的需求层次是自我的完善，如果在争面子的过程中放弃了完善自己的时间和精力，这不能不说是一种遗憾。无论面子的诱惑多大，它除了短暂的虚华什么都不会留下，所以，与其在争面子的过程中浪费生命，还不如做些真正有意义的事情，并在这个过程中实现自我价值。

从霍华德记事起，父亲就是一个瘸子，走路的时候总是瘸着一条腿，十分难看。在霍华德看来，父亲身上的一切都平淡无奇。在童年的记忆中，父亲简直就是他耻辱的代名词，吵架的时候伙伴们常常讽刺他是瘸子的儿子，这令霍华德感到十分丢脸。他多么想有一个优秀而杰出的父亲啊，但遗憾的是，没人能改变这样的事实。

在霍华德中学的时候，一年夏天，他作为学校棒球队的主力要参加一次大型比赛。他把这个消息告诉了母亲，并希望母亲能和自己一同前往，为自己加油助威。实际上，他只希望母亲陪自己前往，母亲漂亮优雅知性，不知道比同学们的母亲优秀多少。但母亲听到消息后很高兴地表示，会和父亲一同前往，这实在令霍华德难堪，为了在比赛的时候不丢面子，他脸色难看地告诉母亲，一点也不希望父亲同去，他认为残疾的父亲会给自己丢脸。

母亲没有说什么，只是无奈地叹了口气。第二天的赛场上，霍华德很勇敢也很机智，优秀的表现让他看起来像是一个专业的球员。很快比赛结束了，霍华德所在的队获得了冠军。在回家的路上，母亲显得十分兴奋，她向自己的孩子表示热烈的祝贺，并兴高采烈地说道：“这真是个好消息，我一定要马上打电话告诉你父亲，他一定会手舞足蹈的。”

为什么又提到父亲呢？霍华德心里十分不悦，沉下脸说道：“现在不要提他好吗？妈咪。”这种态度令母亲感到愤怒，她脸色凝重地告诉儿子，不能再继续这样下去了，否则会伤害到父亲的感情。随即，霍华德从母亲口中得知了两个十分震惊的消息。

第一件是关于父亲瘸腿的原因，原来在霍华德两岁时，由于贪玩调皮，在马路上疯跑，眼看一辆车就要撞上幼小的他，父亲为了护住儿子被车轮轧断了一条腿。这件事情，霍华德从来都没有听任何人提起过。虽然如今的霍华德已经是一个中学生，但他依然对漫画十分痴迷，当他知道自己最喜欢的漫画家竟然是自己的父亲时，他实在吃惊极了，他不相信，一点也不相信，所以他跑去问父亲。得知真相后的霍华德，这时才意识到父亲是一个伟大的人。

拿着自己最喜欢的那本漫画书，霍华德走到父亲面前，希望父亲能给自己签名。思考片刻后，父亲拿笔在扉页上郑重的写道：赠霍华德，生活其实比什么都重要。是啊，谁都希望自己所拥有的是最好的，优秀的父母、足够多的财富、良好的生活环境……也许，一个农村孩子初到城市会因为“土”而感觉到很没面子，但实际上这根本不是问题，因为当你拥有足够的生活阅历后，就会明白原来生活比什么都重要，争面子不过是一种极其肤浅的行为而已。

贪婪是人类的本性，即便是圣人也不能免俗，随着自己拥有的越多，贪婪的本性往往也就越发显现出来了。没有房子的时候渴望拥有一套房子，而当真正拥有之后，却又开始觊觎别墅，改善生活本来无可厚非，但很多人却在改善生活的同时忘记了生活的本身，而在不知不觉中沦为了攀比一族。

在喜欢攀比的人们看来，只有自己住的比别人好，车比别人豪华，吃穿比别人高级，才算有面子，但面子不是这样争来的。不管是商场的高级时装，还是街头的地摊货，从本质上来看，都是为了满足人们穿衣服的基本需求，是没有任何区别的，如果只是一厢情愿地认为穿高级货就显得高人一等，那么迟早都会滑入攀比的深渊，从而在攀比的过程中丢失了最本质的快乐。

人们常说“人比人该死”，实际上，每个人都有自己的独特之处，根本无法放在同一个天平上衡量，既然如此，又为什么非要比来比去地自寻烦恼呢？学会享受生活岂不是更好？攀比就像一朵美丽而有毒的罂粟花，虽然能够很好地装点门面，但却装点不了空虚寂寞的灵魂。所以，从今天起，放弃攀比吧，静下来听听心的声音，尝尝生活的原汁原味。

5

没有能力办成的事儿，不要轻易答应

吹牛皮说大话是人际交往中的大忌，在社会交往中，人们往往更喜欢和诚实的人打交道，所以夸夸其谈的人往往并不受欢迎。面子是群体生活的产物，如果单纯用独立的眼光去看待一个人，那么，无所谓面子不面子，但一旦站到了群体中间，面对亲戚朋友或者陌生人时，面子就毫无声息地出现了。也正是因为这样，一个人在自言自语时，往往不会说什么大话，只有在人前才有突显面子的想法和欲望。

俗话说，没有金刚钻就别揽瓷器活，当朋友们的请求超出自己的能力范围时，一定要实话实说，千万不可因为贪图一时的面子而满口答应，否则很有可能会失信于人。一边是一时的面子，另一边是做人的最基本信誉，想必每个人的心中都有一把秤，知道孰重孰轻。但在现实生活中，仍然有一些人改不掉说大话的毛病，为了显示自己的神通广大，不管能否解决问题，先赚足面子再说，殊不知这种做法无异于杀鸡取卵，是不可能长久的。

诚实守信是中华民族的优良传统，古人常常告诫我们：一言既出，驷马难追。说出去的话、做出的承诺就好比是泼出去的水，无论怎样都是不可收回的，这就要求人们在许诺的时候一定要谨慎，否则便会丢掉自己的信誉，从而严重影响正常的社交活动，毕竟没有人愿意和一个言而无信的人交朋友。

直到今天，中国古代季布一诺千金的故事仍然广为流传，尽管朝代经过了无数次更迭，时代也早已变迁，但言而有信的美德从来都没有改变。做人要言出必行，做事要说到做到。现代社会，做生意赚钱要说话算数，交朋友更要有一说一，有二说二。随口说大话注定是会被众人唾弃的，言过其实的许诺损伤的不仅是信誉，还有朋友的信任和真挚的情感。

在一年一度的同学聚会上，大家敞开心扉热情地彼此交谈着。事业有成，家庭生活幸福的小于十分自然地成为大伙关注的焦点。在众多同学中，小于是唯一的一个开公司的。经过几年的辛苦打拼，如今他的公司经营状况已经趋于稳定，盈利水平也是在稳扎稳打的基础上逐渐上升。

相对于普通上班族的同学来说，小于自然要富裕得多，他在公司所在地的富人区买了独栋别墅，为了让妻子和儿子生活得更加惬意，还专门请了做饭阿姨。“小于，小于，赶紧说说你的致富经，我们可是还挣扎在温饱线上呢?”饭桌上不知是谁先开了口，紧接着大家一片附和声，小于瞬间就成了整个饭桌上的焦点人物。

对于众人艳羡的眼光，小于可谓十分受用，在觥筹交错中，他颇有一种衣锦还乡的风光之感，于是便神采奕奕地讲起了自己的发家之道以及投资技巧等。转眼，聚会便接近了尾声，当小于准备掐掉手中的半支烟时，曾经的好哥们大胖瞅准机会凑了过来。

“兄弟，我这有一个很不错的项目，肯定能赚钱但就是缺投资，你财大气粗，能不能帮我一把？只需要投资二十万，对于你来说不过是九牛一毛，怎么样，有兴趣吗?”大胖一脸诚恳地望着小于，等待着他的回答。

在整个同学聚会上，小于被同学们当成最成功最富有的人，如今的他自然不愿意自己打自己的脸，所以随口回答道：“投资才二十万啊，这还不容易，就算不赚钱，凭咱们的交情，我也肯定会帮忙。”大胖一听整张脸都笑开了花，他随口接道：“实在是太好了，我回去就写一份投资计划书，只要你的投资到位，事情就成功了一半。”小于回应道： “好说，好说。”

一周后，大胖带着自己的投资计划书来到了小于的公司，并讲述了详细的计划方案，然而此时的小于却犯了难。他在同学聚会上不过是说说而已，根本没有投资的打算，尽管公司已经步入正轨，但所需要的流动资金也不是一个小数目，二十万不多，但如果真抽调出二十万给大胖投资，那么，公司的运营肯定会出现问题。由于太顾及面子，所以小于并不愿意承认自己资金紧张，所以便撒谎说自己喝醉了并不记得这回事。

结果可想而知，虽然大胖嘴上没说什么，但心里却已经有了看法，既然做不到当初就不要说，说了到临头反倒不承认了，这实在不是君子之为。在大胖看来，小于只会开空头支票，根本不是一个言而有信的人，从此两人的关系也越来越疏远，越来越冷漠。

一个人的能力再强，也有做不到的事情，所以千万不要轻易许诺。刘墉曾经说过，不要在必输的时候逞英雄，也不必在无理的环境下讲道理。否则，你就永远没有讲道理的机会了。其实信义也是如此，一旦我们失信于人，那么要想再得到对方的信任就十分困难了，所以，无论如何都不要因为贪图一时的风光而开出空头支票，否则只能伤了别人，害了自己。

在与人交往的过程中，如果真能为对方雪中送炭，解燃眉之急，这固然是好事，但办事说话一定要量力而行，切不可红唇白牙说大话。尤其是在许诺的时候，一定要注意掌握好分寸，不要把话说得太满。有时候，并不是全力以赴就能事事顺利，因为很多客观因素是无法改变的，在正常情况下能做到的事情，放到特定环境中，很有可能就会演变成一件无法完成的任务，所以，许诺不可过于草率。

若逞一时之勇，怎得万世英名？然而，在现实生活中却有不少人对如此深刻的道理置若罔闻。有些事明知做不到，但为了一时的面子，为了脸上有光，他们丝毫不顾及是否会因此失信，反倒是大包大揽，以至于最后不仅丢了面子，还丢了朋友与做人的尊严。倘若做不到，就不要为了逞强而许诺，只要我们向朋友说清，肯定能够赢得对方的理解，毕竟绝大多数人都是通情达理的。

那么，社会交往中的面子难道就不要了吗？面子要不要，关键是要看事情的“面子价值”和长远利益。逞一时的口舌之快，许诺的那一刻虽然面子十足，但这样的面子就像肥皂泡，阳光下五光十色，十分漂亮，但迟早都会破碎，到时候岂不是更没面子？有里子的面子才是真面子，所以先做一个言而有信的人吧，只有在这个基础上追求面子，才不会徒劳无功，毫无意义。

6

醒醒吧，必须放弃要做“好人”的想法

佛家有云，有得必有失，这句哲理在社会交往中也同样适用。有时候要想达到我们想要的目标，就必须放弃做“好人”的想法。当机会来临时，该出手时就一定要出手，千万不能因为不好意思争取而白白把机会拱手让给了别人。尽管随着经济的不断发展，人们的生活也越来越富裕，但社会资源毕竟是有限的，要想做人上人，就必须占有比旁人更多的资源。如果太顾及面子，不愿意与他人成为对手，那么再好的机遇也会付诸东流。

在职场和商场的竞争中，没有任何一个人会认为失败者没面子，人们往往只会认为他们不过是技不如人，所以屈于人下而已。既然如此，为什么还要不好意思呢？为什么会觉着与人竞争是一件没有脸面的事情呢？谦谦君子确实是中国从古至今一直倡导的优良品质，但凡事都有特定的环境，脱离了特定背景的谦逊就好比是纸上谈兵，是毫无说服力的。

试想，两路大军正值拼杀之际，战争异常惨烈，不是你死就是我活，这时候，作为一个参战的士兵，如果舍不得放下“好人”的面子，那么只能成为敌人的刀下亡魂。俗话说，商场如战争，在稍纵即逝的商机面前，如果不愿意放下“谦逊有礼”的好人形象，那么只能被对手赶超，甚至被激烈的市场竞争所淘汰。然而，现实中有这么一部分人，他们总是对此抱有幻想，认为面子与目标可以兼得，但殊不知面子与目标只能二选一，不丢掉做好人的面子，怎能给对手以沉重一击呢？

从哲学的辩证角度来看，任何事情都有其两面性，所谓塞翁失马，焉知非福。人们都愿意成为一个有脸有面的“好人”，但世界上永远都没有十全十美的好人，所以不要再因为“好人”的面子而一忍再忍，一退再

退，只要抛开了这些，才能在竞争中毫无负担的勇敢拼杀，从而为自己赢得一席生存之地。

小田经过几年的打拼后，开始独自创业，功夫不负有心人，经过了几年的努力，如今他承包经营着的新技术开发公司逐步走上了正轨，盈利能力也越来越可观。从一个默默无闻的小企业到当地小有名气的中型企业，公司的产值和员工待遇也是水涨船高，如今小田的公司是求职者眼中的香饽饽，丰厚的收入以及巨大的未来发展空间引得不少人都想进入这家公司工作。

又是繁忙的一天，小田刚刚处理完手头的工作准备下班时，接到了一个熟人的电话。打电话过来的是他曾经的老上司，实际上小田能有今天的成就，这位老上司也是功不可没，他可是小田进入新技术行业的领路人，所以当对方提出一起吃个便饭时，小田想也没想便答应了。

两人约好在一家安静典雅的咖啡馆见面，小田原本以为只有自己的老上司一人，到达约定地点后，他才看到老上司的旁边还坐着一个中年人。“小田，这位是老陈，前阵子你不是说公司还缺一个技术员吗？老陈在这方面的经验十分丰富，我可是好不容易才帮你挖到这么优秀的人，你们回头不妨好好聊聊。”

实际上，小田公司刚刚结束招聘，如今技术员的岗位早已不再空缺，可是碍于面子，尤其是老上司千辛万苦为自己挖人这份真诚，小田实在是拉不下脸来做“恶人”，所以便勉强答应对方来公司面试。

从公司的管理和经营角度来说，小田实在是不需要再增加人员，但老上司对自己有知遇之恩，倘若就这样拒绝了他的请求，岂不是不仁不义，甚至会被人看成知恩不报的小人，所以，经过仔细考虑和权衡后，小田把这位中年人安排到了技术测试的岗位上。可是，没过几天，他便发现，自己简直是养了一个庸才，哪怕是十分明显的技术错误，他也发现不了，而且上班常常迟到，在整个公司的影响十分恶劣，已经严重影响到了其他人员的正常工作。

辞退他吧，实在是碍于面子没法交代，毕竟已经办理入职手续了，如此一来岂不是出尔反尔？可是如果留下他，不仅是白送一份薪水的问题，更重要的是对公司的长远发展十分不利。是为了好人的面子一忍到底，还是做一回坏人保证自己的利益呢？小田为此十分烦恼，整天都是愁眉苦脸。

转眼一个月过去了，这件事简直已经成为了小田的一块心病，忍无可忍的他终于在中年人再次犯错时大发雷霆，并解雇了这名老上司推荐的员工。与其到最后成为“恶人”，反倒不如一开始就学会说“不”，学会抛开做好人的想法。如果小田能在一开始就拒绝，那么，完全不会因此而陷入赔了夫人又折兵的困境。

实际上，故事主人公遇到的这种情况在现实生活中十分常见，不少人和小田一样，哪怕自己吃亏也不愿意扯下面子。俗话说，当断不断反受其乱，与其整天都被困扰，不如刚开始就抛开面子，当一回“恶人”，唯有学会放弃做“好人”的想法，我们才能避免吃力不讨好的赔本买卖。

不少职场中的老实人就常常被“好人”的面子标签所绑架，哪怕是公司经营不景气，也放不下“仗义”的面子，哪怕自己职业受阻也要陪老板坚持到底，实际上这是一种十分愚蠢的行为。跳槽并不是什么罪大恶极的事，当跳则跳，只有敢于放弃做“完美好人”的想法，我们才能毫无心理包袱地在事业的康庄大道上一路前行。

当然，放弃做好人的想法并不是说一定要得罪他人，而是告诉人们不能怕得罪人。中国历来都是以和为贵，所以，在拒绝对方的时候不妨语气和善些、方式婉转些，这样不仅能避免伤了对方的面子，还能有效地维护自身的良好形象。拒绝是一门深奥的社交学问，直截了当的拒绝往往会对他人的自尊造成伤害，但过于迂回的方式很可能无法让对方明白自己的真实意图，所以在拒绝他人的时候一定要注意把握好度。

吃力不讨好的事情别再做了，醒醒吧，别再有任何做“完美好人”的幻想。原则上需要拒绝的事情，一定要及早拒绝，把那些费力不讨好的事情扼杀在萌芽状态。此外，拒绝时务必要说清楚，以免对方理解偏差从而带来完全不必要的麻烦和误会。

第二章

DI ER ZHANG

过不去“不好意思”这道心理关
就只能活在自己的小世界里

再多的“不好意思”也不过是藏在心中的魔鬼，迈不过这个坎，永远都无法在人前树起尊严。如果不想过永无出头的日子，如果不想因为羞怯而丢人现眼，那么，从现在开始就做一个拒绝“不好意思”的人吧！

1

自卑而“不好意思”——让你永远没有出头的日子

自卑性格的形成有很多原因，有一个比较重要的原因即“面子”问题。很多自卑的人，因为害怕丢面子，无论干什么事情都特别谨慎，甚至不敢越雷池一步。人人都爱面子，但如果太过于在乎面子，以至于为了面子，为了避免自己出丑，就放弃前进，放弃挑战自己的机会，那结果就是——你永远没有出头的日子。

事实上，不管我们是谁，扮演着什么角色，每个人都希望自己能够不断进步，但所有的进步都是无数次挑战自我的结果，如果仅仅因为害怕丢面子就“不好意思”去尝试，那么，等待我们的就是画地为牢。

所以，别再让自卑操控你的一举一动，因自卑而不好意思在众人面前自我介绍，不好意思在舞台上表现自己，不好意思在工作中大展拳脚……仔细想一想，有什么不好意思呢？不过是面子的问题，只要放下面子，这些都是很容易做到的事。我们不能太把面子当回事，很多时候唯有放下脸面，才能更好地适应社会，突破自我。

杰克出生在一个不幸的家庭，很小的时候父亲就离开了，剩下他和母亲相依为命，在他九岁那年，母亲的身体状况极度恶化，年纪轻轻的他不得不开始想法子减轻全家的经济负担。实际上，杰克比任何一个同龄的孩子都更清楚地明白什么是面子，在同伴当中他很少感觉过有面子，除了他在短跑上的优势以外。

杰克并不帅气，学习成绩也算不上优秀，当大家看成绩表的时候，他一点面子也没有，甚至会为此而感到羞愧，抬不起头来；当同学们一块去聚餐、旅行时，因为经济上的拮据，杰克从来都没有参加过，这对于一个年仅九岁的孩子来说不仅仅是一种遗憾这么简单，而是一种心灵上的伤害。在这样的成长环境中，他开始变得敏感，哪怕是和同学说话也开始变得小心翼翼，过分的自尊心让他在不知不觉中滑入了自卑的深渊。

幸运的是，杰克获得了一家慈善机构的赞助，并最终完成了学业，尽管成年后的他看起来自信开朗，但骨子里他还是那般自卑，过分自卑的性格使得他不管做什么都畏畏缩缩，即便是与人说话也总会感到不好意思。

马上就要毕业了，杰克和大家一样开始四处投递简历并寻找合适的工作机会。在一家跨国公司的初试过程中，杰克以优秀的表现赢得了复试的机会，然而复试的内容却让人忧心忡忡。负责招聘的人事经理，告诉包括杰克在内的所有应聘人员，大家需要携带企业未来发展规划方案，在董事会上阐述自己的看法和观点。这对于不好意思与人说话的杰克来说，可真是一个头疼的问题。

一想到自己要独自面对一大堆陌生人讲话时，杰克就觉得实在太不好意思了，一想到这样的场景，他就会脸红气喘心跳，那可是在董事会上啊，万一不小心出错怎么办？况且自己的竞争对手实力都不差，如果露了怯岂不难堪。就是因为害怕会不好意思，所以，杰克拿出的方案十分保守。

在复试现场，杰克为了避免因不好意思而陷入尴尬境地，只是很简短地表达了自己的想法。再看看竞争对手，他们激情四射地侃侃而谈，不仅谈吐优雅，而且事事都说到了要害之处，强烈的对比让杰克的脸更红了，到后来甚至连抬头的勇气都没有了，更不用说在企业高层面前表现自己了，所以他毫无意外地在复试的过程中被淘汰了。

不好意思与陌生人讲话，不好意思在公众场合表达自己的观点，就是这样的“不好意思”让故事中的杰克失去了一个宝贵的工作机会。事实上，在现实生活中，像杰克一样的人比比皆是，他们因为自卑而不敢尝试，因为不好意思而退缩，结果往往与良机擦肩而过。不管是面试，还是在其他的场合，自卑的人往往难以取得大成就。只有不断挑战新机会，才能品尝成功的甜蜜果实。

自卑的人难以取得大成就，还有很重要的一点，即与自信的人相比，自卑的人更在乎自己的面子，他们太害怕失败后的不好意思，对他们而言，哪怕是一次微小的失败也能将他们的信心掩埋。

实际上，失败并不是令人感到难堪的事情，大多数人这样认为，其背后的罪魁祸首正是“不好意思”。没成功只是暂时的不成功而已，多一次尝试就多一次经验，距离成功也就更近了一步。整天谈论梦想而不付诸行动，这才是真正的没面子，只有那些为了梦想不断拼搏的人才更值得我们尊敬，哪怕最后仍然以失败而告终，但他们依然是生活中的勇者，与空想家相比，勇于付诸行动的人才是我们的榜样。

职业没有贵贱之分，每一个劳动者都应该为自食其力而感到自豪，但在现实生活中，却有不少人将职业分成三六九等，认为坐办公室才是有面子，而打扫卫生则是“不好意思”说出口的、丢脸职业。如果你始终都用有色眼镜来看待自己的职业，那么，你永远都不可能在本职工作上有所建树。

日本水泥大王浅野忠一郎卖过水，也造过公共厕所，按照世俗的眼光，这都是很“不好意思”说出口的丢面子的事，但他从来都没有因此而“不好意思”过，而是乐观自信地投入到所谓“丢脸”的工作中，事实证明他成功了。在成功之前，永远都不要因为“不好意思”而放弃努力，也不要因为自卑而止步不前，命运往往更容易垂青那些相信自己的人。在生存和发展面前，尊严和脸面实在是一文不值，我们实在没有必要因为“不好意思”而放弃大好前程。

2 羞怯而“不好意思”——束缚自我的牢笼

从心理学的角度而言，羞怯是一种很正常的人类心理活动，在人们遇到令自己难堪或者想要逃避的事情时，这种情绪就会如自动调节机制一样出现。有羞怯情绪无可厚非，但过度的羞怯就不可取了。过度的羞怯不仅会使人在社交活动中留下坏印象，更糟的是会让我们在竞争中丢掉优势。

尽管人群中总有一些所谓的“精英”、“天才”、“牛人”，但我们必须清楚一点，不管是这些精英，还是我们普通人，谁都不可能全能，即便一个人的能力再强，也总有遇到困难和挫折的时候。实际上，每个人在面对超出自己掌控的窘境时，都会从心底生出一种无力感，但有些人太在乎别人的眼光，在困难面前，他们想的往往不是如何尽快解决困难，而是自己跌倒了，周围的人肯定会讥笑自己，甚至会落井下石，如此一来，便不自知地陷入了羞怯的泥潭之中。

在原始农耕社会，人类的活动范围有限，社交活动也相对单一，可如今整个地球都演变成了一个大村落，甚至毫不夸张地说，每个人都要和陌生人打交道，这已经成为一种工作和生活的常态，如果在这种背景下，我们还常常羞怯，甚至连和陌生人交流的勇气都没有，那么又如何充分享受生活与工作呢？所以，聪明人从来都不会因为羞怯而不好意思，因为他们清楚羞怯不过是束缚自我的牢笼，唯有冲突这牢笼，才能在广阔的天地中尽情遨游。

小李并不是艺术科班出身，但他对于绘画的热爱已经达到了痴狂的程度。除了正常的工作外，他几乎将自己的业余时间都用在了绘画上，尽管没有名师指导，只靠他自学和个人揣摩研究，但经过了几年的磨炼后，他的画风逐渐趋于成熟，看起来也是有模有样。

尽管小李并不打算以绘画谋生，但对艺术极度热爱的他多么希望能和更多的人分享自己的画作，就是抱着这种想法，小李开始有意地与一些画廊和艺术品拍卖机构联络，并希望能够获得一个公开发表画作的平台。然而，现实是残酷的，尤其是对于小李这样没有师承、没有名气、没有专业基础的业余绘画爱好者来说，更是难上加难，他几次尝试都以失败告终。

平日里，小李也结交了不少爱好绘画的朋友，他们在得知小李在与画廊和艺术品拍卖机构联络后，都纷纷给予其真诚的关心。起初，小李在大家的鼓励和支持下信心十足，但几经“折腾”下来，却并没有实质性的进展。每当朋友们问起，他实在不好意思拉不下脸来承认自己的失败，更不用说是技不如人，所以，他时常为此而烦恼，甚至变得越来越羞怯，连画也不愿意多画了，即便画了也不再像从前一样，拿出来和志同道合的朋友们切磋画技，如此闭门造车，又怎么可能会有出头之日呢？

到后来，为了避免朋友们询问时的尴尬，小李竟然直接放弃了发表自己画作的想法，用他自己的话说：“每次都吃闭门羹，我实在是丢不起那人了。”可是，这真是一件丢人的事情吗？谁没有被人拒绝过呢，尽管在被拒绝的时候，我们往往会羞愧难当，甚至会想找个地缝钻进去，但实际上这完全没有必要，因为羞怯只是通向成功的一块绊脚石，如果连这点麻烦都克服不掉，那么，又谈何成功呢？

失败是成功之母，如果只是因为羞怯而不好意思承认失败的事实，这无异于讳疾忌医，对于改变现状是没有任何作用的，甚至还会阻碍我们的进步。跌倒了不要紧，重要的是一定要在哪跌到就在哪爬起来。小李要做的不是对自己的失败遮遮掩掩，而是大胆的承认，并认真思考自己究竟为什么会被拒绝。

人们常说，老虎也有打盹的时候，更不用说人了。我们不妨仔细观察一下周边的人们，谁没有因为一时疏忽而搞砸过事呢？失败后羞愧是一种正常心理，甚至有些人还会产生严重自责的心理，这本是无可厚非，但如果太爱面子，把精力都用在如何挽回面子上，那么就实在不是明智之举了。

既然失败的事实已经如此，那么，不如忘掉羞怯与不愉快，总结经验教训，只有这样我们才能从消极的情绪中摆脱出来，进而以积极的心态迎来新的一天，新的机遇。唯有不因羞愧而丢失机会的人，才能最终找回面子。

所以，别让羞怯困住你行动的手脚，抛开面子，放下羞怯与不好意思，那么，摆在我们面前的就是通往成功的康庄大道。破茧才能成蝶，若想绽放出最绚丽耀眼的光芒，就必须冲破羞怯的束缚，尽管这个过程十分痛苦，但唯有尝过苦才有机会品到成功的香甜。

3

把他人的批评当耻辱，永远不会进步

席莱曾经说过，我们极希望获得别人的赞扬，同样的，我们也极为害怕别人的指责。很少有人在面对他人的指责时仍能云淡风轻，一般说来，遭遇他人的批评或者指责时，人们往往会觉得毫无面子，甚至是羞愧难当。那么，为什么会出现这样的反应呢？归根结底这还是一个“面子”问题，当获得赞扬和夸奖时，人们会觉得有面子，反之则会颜面扫地，毫无尊严。

仔细观察，我们不难发现每个人面对批评和指责的态度是截然不同的，有些人会暴跳如雷，甚至与人争辩起来，哪怕自己真的错了，也绝对不在言语的争锋中败下阵来，所以他们往往会靠着撒泼耍赖而取胜，但遗憾的是他们赢了争吵，却输了一次改进的机会，实在不是什么明智之举。

此外，还有一类人，他们往往能够理智客观地面对他们的批评，心平气和地询问对方的意见，并从中吸取教训，帮助自己成长。

一个人如果放不下脸面，接受不了别人的批评，那么，永远都只能原地踏步，无法实现自我完善，更无法取得长远的进步。尽管我们对自己很熟悉、很了解，但在很多时候往往是当局者迷，旁观者清，所以听取他人的批评和建议对于一个人的成长来说，是很有好处的。

永远都不要憎恨那些批评过你的人，尽管他们中肯的建议会令你感到脸上无光，甚至是连自尊也被伤害殆尽，但与自己的前程相比，“面子”又能有多重要呢？况且，连他人忠告都拒绝的人，谁会认为他有面子呢？所谓的“面子”不过是我们的一块遮羞布，是不愿意被批评的“借口”，唯有放下这些，才能坦然客观地面对自己的失误以及错误。人非圣贤孰能无过，错了不要紧，只要能够及时意识到问题的所在，能改则一切都是善莫大焉。

凯特从小到大都是被父母夸大的，小时候在作业本上乱写乱画，为了避免伤害孩子的自尊心，父母也从不为此发脾气，反而夸她有创意。在美国这个以赞扬教育为主的国家，凯特在学校自然也很少会被批评，久而久之，她便形成了一种思维惯性，希望他人夸奖自己，实在不夸奖也没关系，但绝对不能批评，因为对于他人的批评和建议，她根本一点都忍受不了。

凯特就职的是一家跨国公司，由于业务需要，她被外派到菲律宾的分公司，然而这一切仅仅是一个糟糕的开始而已。凯特的下属中有一位土生土长的菲律宾人，由于凯特对菲律宾的公司业务并不熟悉，所以在处理工作时，犯了一个不大不小的错误，而下属则出于好心提醒她注意菲律宾人独特的生活习惯和社会习俗。

这本来是一件再简单不过的事情，可是，凯特把下属好心提出的意见当成了批评，她厌恶批评，根本无法忍受批评，更何况是自己下属的批评，所以她根本不愿意承认错误，而是指责对方太过于小题大做，是在鸡蛋里挑骨头，故意找茬。本来是好心提建议，结果却被训斥了一顿，作为下属，为了自己的工作着想，自然不会与凯特对着干，所以，菲律宾下属保持了沉默，自此以后，即便是发现上级犯错，他也不会主动提出来。

在凯特看来，自己竟然被菲律宾下属教训了一顿，这实在是一种耻辱，为此她在心里恼怒了很久。三个月后，凯特所在的菲律宾分公司计划在全国范围内大肆投放广告，而凯特则负责整个广告内容的策划和方案设计，但凯特毕竟是美国人，对菲律宾的消费者并没有太深刻的了解，结果她设计的广告元素中含有菲律宾的禁忌元素，等发现问题时，广告已经拍摄完毕，结果给公司造成了巨额损失。凯特本人也因在这件事情中的糟糕表现而出现事业滑坡。

首先是在公司下属中丢失了威信，此外公司总部的高层已经不再愿意信任凯特，所以派遣了一位中年男士来接替她的工作，公司对她的处罚不仅仅是降薪，还有降职，一时之间凯特的事业陷入了前所未有的困境。

试想，如果凯特能够接受下属的批评，并意识到自己工作中的不足，这样的结果是完全可以避免的，然而时间不能倒流，现在不能接受他人的批评，等你意识到自己的愚蠢时，一切都已经不可挽回。所以，别把他人的批评当耻辱，不管对方的批评和指责是否正确，先心平气和地听他说完吧，有则改之，无则加勉，这才是最为明智的态度和做法。

然而，现实生活中不少人却从不这样认为，在他们眼中，唯有在与批评者的争论中获胜，才能勉强挽回点面子，承认自己的错误，这么丢脸的事情怎能做？哪怕就是真错了，口头上也绝不能承认。殊不知，不懂得退一步，迟早会因为方向失误而撞上南墙。

也有些人能接受别人的批评，但他们的接受仅仅是表面上的功夫，因为他们从来都不关心批评的内容，他们关心的只有对方的目的。比如当下属指出上级的错误时，有些上级则会从主观上揣测下属可能有取而代之的野心和想法，实际上，这一切都不过是以小人之心度君子之腹。对方的批评目的不是重点，重点是批评的内容，只要批评内容正确，那么，不论对方是否抱有某种特殊目的，我们都应该积极地接受并及早改进。

接受他人的批评并不是一件没面子的事情，反而是一种有修养、有内涵、有度量的象征。清朝故步自封所以因落后而挨打，实际上，人也是一样，故步自封，听不进别人的批评与建议，把别人的批评当成是耻辱，我们就不会取得更大的进步。

把他人的批评当耻辱而不好意思去面对别人的批评指正，那么我们迟早要面对更大的耻辱。唯有放下面子，广开言语，多听取他人的意见，才能眼界卓越，不断提升自己的做人境界和生存竞争力，一个不断进取、始终都行走在带头位置的人才是真有面子。

4

自己都瞧不起自己，别人凭什么高看你

一个人不能太把自己当回事，否则容易自傲自大、目中无人，在社会交往中，没有任何一个人喜欢和永远都需要自己仰视的人交朋友；但一个人也不能太不把自己当回事，如果连自己都看不起自己，连你自己都否定自己，不好意思放开自己的手脚，那么，别人也不会高看你一眼。

一张人民币，即便是反反复复被人折叠，踩踏，但还是有人愿意要它，因为它的价值不会因为外部遭遇的改变而贬低分毫。实际上，人又何尝不是如此？人生就像心电图，总是高高低低、起起伏伏，再得意的人也免不了会有落魄的时候，当周围人瞧不起自己的时候，你一定不能破罐子破摔，因为尊严是你唯一剩下的财富，如果连自己都抛弃了，那么，又凭借什么东山再起呢？

一般来说，很少有人会平白无故地看不起自己，往往是在经受了重大挫折，对自己极度失望，完全失去信心时才会如此。从心理学的角度而言，这是一种应激性反应，是出于自我保护的目的，尽管这属于正常反应，但凡事都有度，如果一个人长期处于这种消极的心理状态，那么，很有可能就会陷入自己的思想世界中，甚至患上忧郁症、自闭症，距离正常的社会生活越来越远。所以，不管你遭遇了怎样的挫折，都不要一直消沉，尽早从负面情绪中摆脱出来才是明智之举。

著名诗人泰戈尔曾经说过：“只有经历地狱般的磨炼，才能炼出创造天堂的力量；只有流过血的手指，才能弹出世间的绝唱。”每一个成功人的背后都是漫长的沧桑之路，都曾有过落难的困难时期，所以，为什么要瞧不起自己？千里马还有失蹄的时候呢，为什么要因为暂时的狼狈连自己也不相信了？无论事情多么糟糕，永远都不要瞧不起自己，因为留着这座青山在，迟早都会有柴烧。

王伟是当地一个小有名气的青年企业家，年仅30岁的他资产早已经过千万，在竞争激烈的商场中绝对算是一个十分了不起的后起之秀。在众人的眼中，他聪明睿智，颇有商业头脑，而且上天也十分眷顾，而他自己也一度这么认为。在他人华丽的溢美之词下，王伟开始变得飘飘然了，甚至在人前也变得傲气起来了。只要遇到说他幸运的人，他总是会报以冷笑，并在心里暗忖，怎么不见你们有这么好的运气，这根本就是嫉妒我比你们聪慧。

然而，好景不长，经济危机汹涌而来，不少企业都遭遇了生存上的困境，为了能挺过困境，王伟和其他企业家一样开始快速回笼资金，为过冬储存能量。可是，似乎他的措施并不是很奏效，看着公司经营状况越来越差，为了挽救公司，他甚至将自己的房子和车都做了抵押，只为给企业注入足够的流动资金，熬过这个突如其来的冬天。

尽管王伟做了很多努力，但注入企业的资金却是泥牛入海，有去无回，苦心创建经营的企业也正在濒临破产。三个月后，王伟不得不宣告破产，然而清算后公司的财产根本无法支付其债务，曾经的千万富翁转眼间就成了负翁，企业破产对王伟的打击很大，但债主们可不会顾及这些，一批批的债主集体上门讨债，一时间，王伟的精神濒临崩溃。

原本，他还计划着，只要这场危机一过，就四处筹钱东山再起，然而巨大的债务压力和债主们的日催夜讨彻底让他彻底跌入了地狱。为了逃避这些，他开始酗酒，甚至连睡觉都成了问题，不得不借助安眠药的帮助。

曾经的商业天才，今天的破产者，巨大的落差让王伟对自己完全失去了自信，曾经自傲的他连自己都瞧不起，每当出门遇到熟人，他都躲着走，生怕对方会和自己打招呼，在王伟的意识中，他自己觉着被熟人看见很丢人，正是因为他都放弃了自己，所以家人和朋友们对他的态度也开始冷淡。

起初，家人和朋友们很关心他，并真心诚意地安慰他，鼓励他东山再起，然而他破罐子破摔的态度已经明确告诉大家，他已经自己放弃了。于是，一时之间，大家便认为王伟是一个扶不上墙的阿斗，根本不值得自己真心诚意的鼓励和帮助。众叛亲离的王伟在短短的几个月里，就从一个无比高傲的青年翘楚变成了整日酗酒的废人一个，所以更不用说什么东山再起了。

王伟从千万富翁成了负翁，就是因为他放弃了自己，《士兵突击》中的许三多有一句名言，“不抛弃，不放弃”，实际上这种精神是每个人都需要的。生活从来没有一帆风顺，一个人如果连自己都看不起，又如何能够赢得他人的尊重，做出一番大事业？所以，无论遭遇怎样的困境，哪怕是众叛亲离，哪怕周围都是他人的白眼，也不要破罐子破摔，放弃自己，唯有不抛弃，不放弃，才可能在阴雨过后最终迎来风和日丽。

尽管人人都明白这样的道理，但在人生中的挫折面前，在愈演愈烈的攀比之中，却很少有人能够真正做到“不放弃”。有时候，哪怕是生活中的一件极其细小的事情也会在无形之中对人们产生巨大的影响。看着别人的飞黄腾达，再反观自己的寒酸，有一部分人会瞧不起自己，甚至对自己产生嫌弃的情绪，名利富贵谁都想要，但并不是每个人都可以成为人上人，不管是一个普通人，还是要立志成为大人物的野心家，首先都应该接受自己，唯有接受自己，才能在此基础上不断完善自我，并实现最终目标。

在现实生活中，人们瞧不起自己的理由有千百种：没有学历，站在名牌大学毕业生面前怎么都感觉矮了一头；没身份没地位，站在有头有脸的人面前，怎么就觉得自己灰头土脸；不够富有，所以在富人堆里连抬头的勇气都没有；不够漂亮，所以在俊男靓女们中间只能缩在角落里……其实这些都是瞧不起自己的表现，上帝永远都是公平的，在给你关闭一扇门的同时也会为你打开一扇窗，聪明的人可能不漂亮，富有的人可能不健康，谁也不可能十全十美，所以，为什么要瞧不起自己呢？你只不过是在某一方面不如人而已。

人的潜力往往是无限的，科学研究发现，人脑已开发出的能力连十分之一都不到，所以，用不着小瞧自己，因为你的能力都藏在仓库中，等待着你的开发和利用。工作和生活中都不免会有压力，人们常常会抱怨压力大，但从辩证的角度来看，有压力才有动力，在高压的环境下，我们的大脑潜能往往能够被唤醒，从而创造出连自己都吃惊的奇迹。

5

不是所有的面子都是尊严，别打肿了脸也要充胖子

别人说你有钱，于是你便四处招摇显摆，明明是一个普通上班族，非得打扮成一副“白富美”、“高富帅”的模样；别人说你有文化，于是你不

管能否看得懂，赶紧在办公室里摆上一个装满书的书架，挂上几幅名人字画赶时髦也附庸风雅一把；别人说你学历高，于是马不停蹄地花钱买了一个野鸡大学的高学历，甚至恨不得把证件拿出来展览一番……其实，狐狸再怎么狐假虎威，也始终不可能和真老虎一样威严，所以与其东施效颦，成为他人口中的洋相，还不如承认自己几斤几两。

实际上，面子是面子，和尊严并没有多大关系。这些人实际上就是些宁愿打肿脸也要充胖子的人，他们是把面子和尊严搞混了，明明只是为了面子，非要扯到尊严。于是，为了维护自己的所谓“尊严”，哪怕背地里啃馒头吃咸菜也要在人前装“富人”，实际上，这不仅不是尊严，反而是一种有损尊严的事情。那么，尊严的实质是什么呢？实际上，人们平时所说的尊严就是指一个人被尊重的权利和心理需求，它是灵魂的重要组成部分，一个有尊严的人才能赢得大家的敬畏。

不小心踩到别人的脚了，说声“对不起”，这才是尊严。做错了事情，不推脱不逃避勇敢承担起自己应负的责任，这才是尊严。在名利的诱惑面前，能够不为五斗米折腰，这才是尊严。当失败如当头棒喝把我们打倒时，在最短的时间里爬起来，这才是尊严。为了能让他人高看一眼，甚至不惜撒谎来提高自己的身价，这不是尊严，只是你打肿脸充胖子的愚蠢做法而已。

凯瑟琳的表妹是个非常漂亮的女孩子，她不仅身材匀称，面容姣好，而且气质也令人羡慕不已。实际上，她的出众远远不仅如此，从小就爱好艺术的她，谈得一手好钢琴，而且舞蹈也颇为拿手，然而令人遗憾的是，这样一个爱好艺术表演的漂亮女孩子却因为坚持自己所的“尊严”而放弃了一个失不再来的重要机会，所以，今天的她只能成为一个普通白领，距离自己的梦想遥遥无期。

表妹借用了凯瑟琳的车子，用完之后便把车停到了凯瑟琳工作地的停车场，并将钥匙送到了表姐的办公室。周围的同事看着这位走进来的漂亮美女，都不禁连连赞叹着。表妹走后，八卦的同事还在讨论着美女，“凯瑟琳，你表妹真是个大美女，不去做演员，真是可惜。”一位同事在喝咖啡的时间和凯瑟琳调侃着，“你怎么知道她没有尝试过呢？”紧接着，凯瑟琳讲述了表妹的故事。

原来凯瑟琳的这位表妹，很希望能够进入演艺圈发展，凭借着优秀的自身条件，她参加了一个剧组的女主角试镜，经过层层筛选，最终她和另外一名女演员脱颖而出。作为一个新人，她的条件可谓无可挑剔，但导演考虑到一点，她脸上有几颗青春痘，即使是化妆恐怕也很难遮住，在这种情况下，导演陷入了犹豫不决的境地。

经过了一段时间的思考后，导演已经下定决心要启用她时，外界的风言风语便铺天盖地而来。实际上，她的竞争对手是一个颇有资历的老演员，与一张白纸的她相比，自然是有得天独厚的优势，所以导演为什么会偏偏选上她呢，一时之间她与导演有不正当关系的小道消息开始四处乱飞，甚至还有大胆的报纸、杂志含沙射影的报道此事，这让凯瑟琳的表妹十分气愤。

她是一个未婚的年轻女孩子，怎么能够接受这样的诋毁呢？如果这种情况继续下去，以后自己在朋友们面前简直是太没面子了，太丢脸了，对于这种侵犯自己隐私，伤害她尊严的事情，她实在是忍无可忍，为了维护自己的“尊严”，她做出了一个重大决定，也是一个令她后悔万分的决定，那就是主动退出竞争。

生活就是这样，上帝给你一个机会，你错过了，那么便什么都没有了。凯瑟琳的表妹错过了这次大红大紫的机会，便与表演圈再无半分缘分，于是便成了一个普通白领。实际上，对于这件事情，她十分懊悔，因为后来她才明白，不是所有的面子都是尊严，既然自己行得正、坐得端，就不该因为面子害怕被诋毁。但遗憾的是，时光不能倒流，世界上也没有后悔药可以卖。

错把面子当尊严的人是可悲的，他们往往和凯瑟琳的表妹一样，为了维护所谓的尊严，为了坚持自己所谓的“原则”，轻易就错过了千载难逢的好机会，而机会一旦错过，即便是再怎样懊悔，也无法重来。

古人常常教导我们，吃亏是福，好汉不吃眼前亏。其实，在面子和尊严问题上，也要学会吃亏。韩信曾受胯下之辱，越王勾践也曾卧薪尝胆，哪怕是丧失了尊严，也不要打肿脸充胖子，非得拿鸡蛋碰石头，而是要学会忍耐，并在忍耐中积蓄力量，只有这样才能赢回自己受尊重的资格。

所以，不要为了一时的尊严和面子，和他人拼得头破血流，因为这不仅不能帮助我们找回面子，反而会贻笑大方，成为大众口中的笑话。不吃“眼前亏”很可能会吃更大的亏，所以要时刻谨记自己几斤几两，千万不可为了面子逞强，做狐假虎威的狐狸。

6

因人情违心做事，等于作茧自缚

求人办事欠“人情”，请客吃饭还“人情”，平时联络储蓄“人情”……毕竟人是一种社会性的动物，人与人之间难免会有互帮互助的时候，所以“人情”也便应运而生。人情利用得好，不仅能够为他人解除燃眉之急，还能借此交到不少知心朋友，这本是一件好事，但有些人却太过于看重人情，对于这些人来说，人情就是一个不折不扣的包袱，明明不能答应的事情，却因为顾及人情说了违心话，结果却是费力不讨好，朋友那既落了埋怨，自己也是打落牙齿往肚子里吞，所以最后不得不被“人情”牵着鼻子走。

在现实生活中，每个人的社会关系都是错综复杂的，如果太过于看重人情，那么四通八达的人际关系就会演变成一张自我束缚的网，而自己则被束缚其中不能动弹，更不用说能有什么大作为了。

小丁是一名刚刚毕业的大学生，由于初入社会，工作经验不足，所以工资待遇除了满足温饱外很难有剩余。月末刚发完工资，小丁十分开心，为了节省生活开支，她可是好久都没打过牙祭了，所以她决定去馆子里大吃一顿。就在这时，她接到了一个好朋友的电话。原来，好朋友马上就要结婚了，婚期就定在下个月月初，她十分热情的邀请小丁一定要到场，由于两个人的友情一直很深，所以尽管她心中有所顾忌，还是在电话中答应了对方的要求。

挂完电话，小丁就犯了难，她所在的公司管理制度十分严格，而好朋友的婚期又正好不是周末，要想参加好朋友的婚礼，就必须要请假。小丁是个责任感很强的人，公司的工作也十分繁忙，难道真的要请假吗？作为一个新员工，她十分清楚请假会在无形当中影响自己在领导心目中的形象，但既然已经答应了好朋友，那硬着头皮也得去请假了。

除此以外，还有一个问题是小丁十分头疼的，那就是拿多少礼金合适。小丁刚刚工作，并没有什么闲钱，但要结婚的好朋友可是自己的闺蜜，有一次自己孤身在外患了阑尾炎，做手术的时候她可没少帮忙，三天两头照顾自己，帮自己炖汤补身体，如今她要结婚了，作为她最好的朋友，怎么也不能出手太寒酸了啊！

为了让礼金能看得过去，小丁专门给几个同样接到婚礼邀请的朋友打电话询问，令她吃惊的是，同学们一出手就是1666，说是图个吉利，既然大家都这样，那小丁也不能太少不是，于是便忍痛把工资的一半装进了礼金红包。在喜庆的氛围中，婚礼很快落幕，小丁在人情上是好看了，但她接下来3周的生活却不得不陷入困境。

在这个繁华的大都市，吃穿住行的消费不用多说，而小丁剩下的那部分工资实在是捉襟见肘，很快又到交房租的时候了，这可该怎么办呢？陷入经济困境的她不得不向父母求助。

在接下来的这几个月里，几乎每月都有人情世故上的事，同事过生日啦，表嫂生小孩啦，同学结婚了，老人生病啦……小丁对“人情”看得很重，甚至把人情摆到了第一位，所以不论事情大小，她都不敢轻易错过，而且买的东西少了也不好看，可怜她的钱包。就是为了这些乱七八糟的人情，她已经连续几个月入不敷出了，如果没有父母的支援，只怕会要睡大街了。

故事中，小丁烦恼的根源并非是需要送礼金的朋友太多，也不是收入低，而是因为她已经被“人情”绑架，为了人情，哪怕再不愿意也要违心的送上礼金，这无异于作茧自缚，又怎能不苦恼呢？人情往来本是无可厚非，但一定要量力而行，如果动不动就把人情摆到第一位，那么势必会被其所累，甚至为此陷入一个无法自我救赎的怪圈。

人情是人们“面子观”的集中体现，仔细看看自己的周围，如今已经有多少人被人情绑架？为了人情，为了面子，哪怕只是孩子升学也要大摆筵席，甚至不惜大摆排场，因为在这些人看来，只有场面够大才能脸上有光。为了人情，哪怕心中不愿意，但还是不得不参加，哪怕多么不情愿拿高额的礼金，但为了人情也只能花钱买个面子，这又是何苦呢？这不是作茧自缚又是什么呢？

当人情已经演变成一种负担、一种束缚我们的牢笼时，不妨试着打破它。人生在世，需要背负的东西太多，能轻装前进是最好不过，所以能丢掉的人情就丢掉吧，不做性情中人也没有什么不对。与其为了人情说违心话，不如丢掉人情做一个诚实人，唯有冲破人情的束缚，才能“破茧成蝶”，舞出属于自己的人生精彩。

7 行事果断，做一个拒绝“不好意思”的人

所谓当断不断，反受其乱，自古以来，不论是东方还是西方，成大事者大多是行事果断，快刀斩乱麻的魄力派。但现实生活中，拿得起放得下的人毕竟是少数，绝大多数人在做重大决定的时候都会瞻前顾后，前怕狼后怕虎，迟迟不能下定决心，如此拖沓的结果就是轻易错过了最佳时期，甚至延误人生。

那为什么太多的人都做不到行事果断呢？有一个很重要的原因，即做不到抛弃面子，做不到与“不好意思”说再见。

面子在我们的生活中往往无处不在。找工作的时候，大家都希望找个体面的工作，而不愿意去工地搬砖，更不愿意去扫大街。在职业的选择上，每个人都需要果断的判断和选择，而不能只顾及面子好看。倘若大家都太爱面子，很多工作岂不是没人做了吗？职业不分贵贱，人也没有高低之分，所以别在选择的过程中切忌犹犹豫豫，浪费时间。佛家有云，有得必有失，大失大得，小失小得，不失不得。没有离开面子的勇气和决心，那只能在反反复复的纠结中浪费时间，蹉跎岁月，除此以外，别无他用。如果你是一个做事拖泥带水的人，不妨改改自己的毛病，学会干脆地拒绝，这样一来，能少制造不少麻烦。

安娜是一个羞涩的女孩，只要到公共场合开口肯定会是一个大红脸，甚至连头都不敢抬起来。实际上，她是一个十分优秀的女孩，做事认真，做人正派，对朋友也很仗义，但就是这样一个女孩，却因为自己的不好意思，遭遇了一件十分不幸的事情。

实际上，安娜从很早就知道自己这个缺点，并从很早就开始打算克服

自己不好意思公开讲话的心理障碍，但每次她的决心都会败给羞愧心。所以原本定好的计划却是一拖再拖，于是，她“不好意思”的情况并没有任何改善。好朋友看安娜三天打鱼两天晒网，十分替她着急，所以她建议安娜，既然决定做一件事情，就一定要行事果断，说做就做，不能总是瞻前顾后。

安娜又何尝不懂这样的道理呢？为了自己的缺点，安娜打算到公园人多的地方发表公开演说，但每次一想到自己被围在人群中间，而自己脸红脖子粗的紧张样子肯定会暴露在公众面前，这实在是一件没面子的事情，太丢脸了，太难为情了，一次次她就败在了这样的借口和理由上。

转眼半年过去了，安娜的上级由于工作调动原因离开了所在职位，一时之间便出现了一个职位空缺。在这种行驶下，不管是论资历还是工作能力，安娜都是那个最可能升职的人，但遗憾的是最终升职的人不是她。

原来，公司的考核制度中有一项是领导所在部门的全部员工进行集体大讨论。听到考核内容时，安娜的头都大了，天啊，在整个部门和公司领导的面前说话，还要带领大家讨论，这可怎么办才好。不管怎样，她都只能硬着头皮准备，很快考核的那天到了，安娜被大家围在中间，瞬间她就开始紧张，开始不好意思，原本还正常的脸色马上就红的像个熟透的苹果，说话也开始磕磕绊绊。

在紧张的气氛中，整个考核终于过去了，当所有人都走出会议室时，她终于平复了自己的心跳和羞涩。实际上，她很早就知道自己最欠缺的就是这一点，但却不够果断，所以一直拖延而未能克服缺点，也许是上帝为了给她一个教训，所以给了她一个不小的警告。在这次升职考核中，她输给了一个入职 3 个月的新员工。事后，她为此十分后悔，怪自己行事不够果断，明知道缺点，就是迟迟不行动，明知道在众人面前讲话会不好意思，但就是不能做一个拒绝“不好意思”的人，正是这一点害她与升职加薪擦肩而过。

其实，任何的不好意思都只是自己的心在背后作祟，不管提升英语口语能力的愿望多么迫切，也不好意思一个人大声练习口语；不管多么希望自己变成一个侃侃而谈的成功演讲者，甚至连在家里独自面对镜子练习也会不好意思……实际上，当你变得行事果断时，旁人不仅不会拿异样的眼神看你，反而会佩服你的勇气，赶紧丢掉“不好意思”吧，从现在就开始。

要知道，时间和机会都是不等人的，所以别把时间浪费在瞻前顾后上，只要确定一件事必须去做，那么，不必想太多，想好了就立即去做。兵来将挡水来土掩，没有什么困难是克服不了了，所以，赶紧丢掉那些思前想后的“借口”吧，行事果断才能步步走在前边，事事获得成功的先机。

上帝往往更偏爱于实干派，所以千万别只把“面子”问题停留在口头上，唯有在实际行动中，放下面子，迈过“不好意思”这道心理坎，这样才能走出自己的心理小世界，去接纳他人，去融入范围更大的社会活动，并从中获益。中国古代就有纸上谈兵的典故，但现在依然有光说不做的人，这值得我们深刻反思。

在战场上，多一丝迟疑，就多一分危险，甚至可能因此而丧失十分宝贵的战机。人们常说商战就是战场，其实职场又何尝不是呢？如果不管做什么决定都是拖拖拉拉，那么很有可能会因此而丧失很多本可以抓住的机会，要想有所作为，就要果断下决心，从今天开始做一个拒绝“不好意思”的人。

第三章

DI SAN ZHANG

不要因为“不好意思”而口是心非，这样只能自己吞苦果

上帝让人类心口相连，以便我们开口说心事，然而在现实生活中，却处处充斥着假话、空话、大话……“不好意思”说残酷事实，“不好意思”批评对方的错误，“不好意思”与他人翻脸，我们总有那么多口是心非的借口，但殊不知因果相连，苦的还是自己。

1

该说“不”时若说“行”——哑巴吃黄连的命

人类的社会生活是由各种圈子组成的，朋友群、血缘圈、同学圈、职业圈、商业圈……尽管每个人的圈子不尽相同，却有一个共同点，那就是常常约束着人们，并深刻地影响着你的生活模式和人生选择。在现代新衍生出来的圈子哲学中，圈子是打开财富之门的金钥匙，是开拓人脉的起点，更是一个人社会地位的体现，然而凡事有利则有弊，在享受圈子带给的便利时，人们也在饱受着“面子”问题的折磨。

很多人因为面子问题，终其一生都在忍受，都在向外部环境屈服，这样的人未免会活得太过于软弱，太过于窝囊。因为太爱面子，所以有些人不管在什么人面前，什么事面前，都一直扮演着“好好先生”的角色，结果常常是费力不讨好，甚至是哑巴吃黄连，不管多苦也得自己默默咽下肚。本是说“不”的时候，碍于面子说了“行”，只能自食恶果，所以该忍时忍，不该忍时就要大声拒绝，唯有勇敢拒绝才能活得硬气。

大卫是一家跨国集团的一名小职员，他工作能力强，对待同事也十分热心，所以在公司人缘相当不错。在下班前，他终于忙完了手上所有的工作，明天就是周末了，看来这会是一个没有任何心理负担的周末，这真是一件令人高兴的事情。收拾好办公桌上的文件，看看表，还有十分钟就到下班时间了。

正当大卫在思考周末干些什么的时候，一个平时很谈得来的同事一脸焦急地走了过来，“这真是一份该死的报告，大卫，麻烦你能不能帮我看看这里的数据该怎么办?”说着便递给大卫一份空缺大批数据的文件。

接过文件简单地看了一眼后，大卫很热心的建议道：“伙计，这些数据都在凯丽那，你抓紧时间去找她要数据吧，否则这个周末可要在加班当中度过了。”说完大卫耸耸肩把文件递给同事，谁知同事并没有接过去，而是难为情地提出了一个有些过分的请求，“哦，我还有一个报告在下班前必须完成，你能帮我去凯丽那找数据吗？我知道你是个热心的好人，拜托了。”说完他便转身离去。

大卫站起身喊住了同事，接着便十分严肃说道：“皮特，这件事恕我实在不能帮忙，这是你的工作职责，伙计。我没办法代替你去工作，希望你理解。”面对大卫的拒绝，皮特没有说什么，但明显十分不高兴，他随手扯过大卫递过来的文件，闷闷不乐地离开了。

尽管这一举动冒着得罪同事之嫌，但大卫并不后悔自己的决定。倘若这一次答应了帮忙，那么每当工作上遇到困难，皮特肯定会习惯性地找他帮忙，到时候再拒绝岂不是更伤人？这次给皮特写报告了，那其他同事请自己帮忙做报表，又该怎么办？拒绝吧，帮皮特不帮其他同事，难免得罪人；帮忙吧，自己肯定要牺牲不少时间和精力，实在是费力不讨好。

面对同事或亲朋好友的不合理请求，很少有人能够狠心拒绝，殊不知一旦答应就会哑巴吃黄连，再苦也只能自己一个人默默承受。该说“不”的时候就要大胆拒绝，否则很可能会让自己成为“冤大头”，试想，如果每个同事都上门求助，大卫都热心答应，那么，他自己的本职工作又如何能够做好呢？

从这个角度来看，大卫的做法是十分明智的，该说“不”的时候，他很爽快地选择了拒绝。其实，大卫并非对同事不仗义、不热心，而是懂得什么时候该拒绝，什么事情应该拒绝，这是一种十分明智的做法。

毫不夸张地说，在人类的所有语言中，拒绝的话最难说出口。拒绝一个陌生人容易，但如果这个人是你的上司，是你的父母，是你的爱人，是你的儿女，是你的恩人，是你的患难之交……那么，又怎么能拒绝？越是亲近的人越是容易被我们的拒绝而伤害，所以，当面对那些熟悉而又珍视的人时，人们为了面子不好意思拒绝，因为担心伤害对方实在没法拒绝，为了维护对方对我们的美好印象而不忍拒绝。殊不知，这样的“不好意思”只能令自己陷入难堪的境地。

历史的车轮碾过了一代代交错的人脉网，只要有人的地方就会有各种各样的复杂“关系”，正是碍于这样或者那样的关系，我们不好意思说“不”，不好意思说“丑话”，不好意思“拒绝”，所以哪怕是一堆烂摊子，哪怕自己心里有多么不情愿，还是会做出退步，去做那些费力不讨好的事，但这么做值得吗?

人活一张脸，树活一张皮，尤其是在公众场合，谁都希望自己有面子。在人们的潜意识中，大家往往认为拒绝他人是一种不友好的行为，会拉开自己与他人的距离，甚至是与整个群体都显得格格不入。正是因为这样的群体意识，所以社会中才有不少人宁愿打落牙齿往肚子里咽，也不会公开拒绝他人。殊不知，一味的答应，永远的“好好先生”形象，反而会给人一种虚假感，而且极容易被有心人利用成为“冤大头”。所以，别再千篇一律的回答“好”或者“行”，该拒绝的时候学会拒绝吧，只有这样，我们才不会在好看的面子下独自品尝那颗苦涩不堪的心。

2

为了面子往前跳，跳入的必是陷阱

弱肉强食不仅仅是自然世界的法则，更是人类社会的残酷定律。如果说，食物是人们诱捕野兽的饵，那么，面子就是误导我们闯入陷阱的兽夹。为了“面子”，一个人明明只有八两，为了让他人高看一眼，打肿脸充胖子，甚至不惜为此撒谎，殊不知，现在你所有的一切都需要日后买单，没有什么是可以逃脱因果的。今天的自吹自擂，很可能让你陷入虚荣与嫉妒的深渊，你自己的本性与快乐迟早也都会被其吞噬掉。面子就好比是上帝鱼钩上的一块诱人的饵料，一旦咬上便会陷入万劫不复。

在社会交往活动中，面子永远是一个不可忽视的陷阱。面子在人们的面前挖出了各种各样的陷阱，让人勒紧裤腰带也要摆排场，殊不知外表好看的同时，内里却是怎样的悲凉。面子再好，终究不过是一个金丝鸟笼，被它困住的人看似华丽，其背后却是以失去自我为代价，所以千万别为了面子往前跳，因为跳入的必然是陷阱。

人人都爱面子，你有面子，那么我就要比你更有面子，谁有面子就跟谁争面子，而且卯足了劲要在面子的争夺大赛中获胜，否则就是满脸无光，实际上这种观念是十分偏激的，抱着这种观念生活，我们就会不自觉脱离生活的本真，成为面子的傀儡。

林月是一位年轻的妈妈，为了更好地照顾孩子成长，她放弃了自己的工作，成为了一个名副其实的全职家庭主妇。林月与丈夫育有一女，如今孩子已经9岁了，俨然已经出落成了一个小美女。女儿乖巧懂事，在学习上也十分用功，几乎每次考试都是班级里的前几名，这可让身为母亲的林月欣慰不少。

每天，林月都会准时来到女儿就读的学校门口，接孩子放学，时间一长，便认识了不少前来接孩子放学的家长。“你家女儿这次考试又是前三名吧，哎，真实羡慕你，生了一个这么聪明的孩子，我家女儿要有她一半的聪明，我也不用又是请家教又是督促她写作业了……”林月听得最多的就是与此类似的夸奖，每当这时候她都觉得十分受用，哪怕有什么不高兴的事也会立马抛到九霄云外，这可是她最有面子、最值得骄傲的时候。

一个平常的周末，林月应一位女性朋友邀请一块喝咖啡，在典雅的咖啡厅里，两个已为人母的女人很自然地说起了孩子的教育问题。“女孩子一定要多学些音乐、舞蹈，好好培养一下气质，所以，我专门给孩子报了两个兴趣班，一个钢琴班，一个芭蕾班。她去学了一阵子了，现在看起来已经有模有样。”听着朋友的叙述，林月表面上没说什么，但心里却极为不自在，仿佛只有自家女儿是最优秀的，一旦被别人超过就有一种羞愧感。

喝完咖啡后，林月陪同朋友去接上芭蕾班的孩子，站在芭蕾舞教室的门口，林月放眼望去，里边都是八九岁的小女孩，她们穿着统一的舞蹈服装，在老师的指导下仔细认真地学着，每一个孩子看起来都很有艺术范和贵族气质，如果自己的女儿也来学，一定比这些小朋友优秀得多，到时候岂不是比朋友更有面子？

就是抱着这种争面子的想法，林月一回到家就开始四处搜寻离家较近的艺术班，为了把女儿培养成一个有涵养有气质的“贵族千金”，她不仅给孩子报了钢琴班和芭蕾班，还报了书法绘画班。

她根本就没有想到自己的女儿才九岁，只是一个喜爱玩耍的孩子而已，每天在学校的学习任务就已经十分繁重，如今再加上这些兴趣班，原本可以休息的周末也被排满了。从始至终她考虑的都是自己在其他家长面前是否有面子，根本就没有考虑过女儿是否喜欢这些东西，每天都排得满满当当，孩子会不会太辛苦。

实际上，在现实生活中，尤其是中国，孩子的长相是否漂亮，学习成绩是否出类拔萃，是否多才多艺都已经成为父母们争抢面子的战场。古人常说“母凭子贵”，用孩子为自己的脸面贴金，这似乎已经成为一种传统，尽管“望子成龙”、“望女成凤”的愿望原本无可厚非，但在“光宗耀祖”等愚昧的“面子”诱惑下，牺牲了一代又一代人的自我选择权，歪曲了无数人的人生方向。

在这种面子陷阱的思维模式中，孩子们似乎所有的学习都是为了老师、为了父母，唯独不是为了自己，盲目地“报班”、“请家教”，哪怕请客送礼也要把孩子塞进贵族学校，省重点等，这些实际上都是争抢面子的表现，殊不知在这场面子争夺赛中，不管你是否能够获胜，你都将是一个彻头彻尾的失败者，因为牺牲掉的是孩子的自主性与独立性。为了面子往前跳，表面上跳进的是时髦、是潮流，实际上则是一个华丽的陷阱而已。

金刚怒目，不如菩萨低眉，与其为了争面子大打出手，反倒不如万事以“和”为贵。说到底，人是一种社会性动物，不管我们个人的能力如何出众，总有一些无法独自完成的事情，总有求人的时候，所以千万不要为了一时的面子、一时的意气就得罪了本不该得罪的人，这对人们的社交和日常生活工作都是十分不利的。实际上，人与人之间的交往就像是一场击剑比赛，贸然向前要么会刺伤对方，要么会让自己陷入危险的境地。

3 别因为“不好意思”而开出“空头支票”

现实生活中，有些人并非不知道诚实更容易受欢迎，却冒着丢掉诚信的风险而信口开河。这是为什么呢？如果探寻人们说大话的真实心理意图，那么就不得不提到“面子”。不管我们是否愿意承认，面子都是促使人们频频开出“空头支票”的最直接原因。

每个人都渴望得到尊重，所以，在群体中活动时，人往往会有意识地表现自己，进而通过吸引他人眼球而满足得到尊重的心理需求，这本无可厚非，然而在某些人身上却发生了非常不可思议的变异。他们是太爱面子的人，不管身处何时何地，都会尽可能最大程度地维护自己的面子，甚至不惜一切吹嘘自己，夸下海口，紧接着为了避免谎言被戳穿，便只能许下根本实现不了的诺言。人们常说，“种瓜得瓜，种豆得豆”，种下了怎样的因，就注定会有怎样的果，既然开出了“空头支票”，那么，也只能以失信于人收场。

聪明人永远都不会为了捡起地上的芝麻而丢了手中的西瓜，究竟是一时的面子重要，还是一个人的信誉重要？就因为一时的“不好意思”而赔上自己一辈子的信誉，这实在不是一笔划算的买卖。李大钊曾经告诫后人：“不要套些假面具，把生活神圣的光华遮盖了。”再华丽的面子也不过只是一张面具，处处用假面目示人，又怎能赢得他人的信任？

可惜的是，为了面子而撒谎并没有引起人们的重视，在他们看来，完全不撒谎的人是不存在的，说谎似乎成了一件无伤大雅的事情，几乎大家都不会对小谎大惊小怪，殊不知，谎言的背后则是藏在人们心中的魔鬼。

尽管贝拉已经四十岁，但她从未走进婚姻的殿堂，除了工作，她没有孩子需要照顾，也没有宠物需要照顾，父母早早就进入了天堂，除了每天泡吧以外实在是再也找不出其他爱好。实际上贝拉的生活十分孤独，她也时常感到无助，但她太爱面子了，怎么可能好意思承认这一点呢？所以她常常十分刻意地强调自己的单身生活过得多姿多彩,。

“明天又是周末了，哎，又是一个该死的周末，但愿我不会被儿子折腾得疯掉。”眼看就要下班了，和贝拉一个办公室的女同事抱怨着，紧接着，她随口问道：“哦，亲爱的贝拉，你不知道单身究竟有多好，快点说说，你周末是不是有什么有趣的活动呢?”实际上，贝拉还没想周末的问题，通常来说她都是一个人宅在家，看两天的肥皂剧，有时候遇到好看的杂志和小说也能消磨掉一些时间。

贝拉当然“不好意思”在同事面前承认自己的生活单调无趣，为了面子，她假装眉飞色舞地说道：“你猜得可真准，我准备去森林公园徒步旅行呢!”“这真是个好主意，我都整整一年没去过森林公园了，你多拍点照片回来好么，也好让我一饱眼福。”贝拉听到同事的请求，又没办法拒绝只好答应道：“没问题，我的摄影技术真的不错呢，到时候一定送你照片。”

周末悄无声息地来了，贝拉早晨一起床就迷上了一个有趣的电视节目，所以早就把答应同事的事情抛跑到了脑后，两天的时间转眼就过去了。“嗨，贝拉，周末玩得很愉快吧?”此时，贝拉才突然想起来自己亲口许下的承诺，如果直接承认自己看了两天肥皂剧，根本就没去森林公园，那岂不是正好被同事看穿，自己的单身生活确实无趣，但实在是不好意思让别人知道，所以贝拉只能继续说假话：“啊，看我这脑子，我照了很多照片，准备让你高兴一下，谁知道今天早晨竟然忘了拿。明天一定拿给你。”

晚上回到家，贝拉着急万分，自己可是亲口说明天把照片带过去的，可自己根本就没去森林公园，又哪里来的照片呢？这可怎么办才好，思来想去，贝拉终于想到了一个好办法，那就是从网上找照片，不一会，她就从网上找到了不少美图，紧接着她便将这些美图用彩色打印机打印出来，一叠厚厚的漂亮照片就这样诞生了。

第二天，贝拉把装有照片的大信封递给了同事，看到照片的同事实在是高兴坏了，可是当她拿出信封里的漂亮照片一一欣赏时，一句话却不禁脱口而出，“贝拉，现在不是夏季吗？怎么你还拍到了有雪的照片？”说着便一脸疑惑地看着贝拉，贝拉脸上红一阵白一阵，恨不得找个地缝钻进去，此时她才明白不好意思承认单身孤独无趣的代价究竟是什么。

“你没去森林公园？”同事试探性地问，贝拉的沉默无疑就是最好的答案，此时同事才突然发现，原来贝拉之前的话根本就是“空头支票”。

俗话说，好事不出门，坏事传千里，没过多久，这件事就传遍了整个办公室，同事们也不再像以前那样信任贝拉了，因为大家都认为她是个喜欢扯谎、说大话的人，实在是不值得信任。故事中贝拉的遭遇就十分具有代表性，在现实生活中，我们往往会为了面子好看，毫不在意地撒点小谎，本以为是不足挂齿的小事，结果却往往因小失大，失去了自己的做人信誉。

在英国流行着这样一句话：“说谎的人，很少能发现自己负担多大的重荷。因为他不知道，为了说一句谎话，不得不另外再发明二十句。”要想人不知，除非已莫为，不管是弥天大谎，还是人们自欺欺人的小谎，只要是谎言就总有被戳穿的一天，谎言撒得遍天下，只是为了面子，可这样的面子又能支撑多久？当谎言被戳破时，曾经的面子也只会变成他人口中的笑柄，所以，千万别因为“面子”、因为“不好意思”，而开出空头支票。

由撒谎而赢得的面子是最荒唐的，再好听的夸夸其谈也变不成事实，再大的空头许诺也成不了能够及时兑现的银行储蓄，包装得再华丽的面子也不过是一只纸老虎，既经不住时间的考验，也瞒不过大众的眼睛。空口许诺就好比是给自己挖了一个隐形的陷阱，尽管此时的你看起来风光无限，但迟早都会在自己挖好的陷阱里狼狈不堪。以损失信誉为代价而得来的面子根本不是真面子，因为谎言终将被戳穿，赢来的面子也终会以“颜面扫地”而收场。

4

见什么人说什么话，学会投其所好

绝大多数人都认为：见人说人话，见鬼说鬼话，是一种极其谄媚的做法，是阿谀奉承的表现，凡是正直的人都不屑为之。事实上，这种观念大错特错，投其所好不仅是与人交谈、求人办事的一条非常好的捷径，更是一种社交能力。

试想，如果你的话题总是不能打开对方的话匣子，两个人话不投机半句多，那么自然难以建立合作关系，更遑论私人情谊。面对陌生人，如果不能在最短的时间内找出他所感兴趣的话题，那么也只能永远都是陌生人了。尤其是在求人办事，或者与陌生客户谈生意的时候，更需要见什么人说什么话，一个令对方感兴趣的话题往往就能起到意想不到的作用。

在现实生活中，有这样一部分人，他们在说话的时候常常少“一根筋”，而且常常没搞清楚状况就开始胡说八道，结果不仅在无意识的情况下得罪了人，还把整个气氛搞得相当尴尬。明明是老人家的寿宴，却在那里探讨安乐死的问题；朋友家喜添新丁，别人都在祝贺他却大吐养孩子的苦楚……就是因为说话不看人、不看情况，结果造成了不少莫名其妙的误会，等到人缘太差的时候才反应过来原来是这张嘴得罪了人。

如果说农耕时代是一个寡言的社会，那么现在则是一个口若悬河的年代。无论你身处何地，也无论你从事的是怎样一份工作，都离不开说话。如今的说话已经发展为一门社会性“艺术”，什么样的场合该说什么话，面对不同身份的人怎么说话等，都是极为有讲究的。那些在社交活动中如鱼得水的行家往往都是说话的高手，他们见领导谈管理，见商人讲商机，遇官员说治国大计，因此处处得意，不仅朋友遍天下，人脉更是四通八达。

雯丽是一家小型家装公司的销售经理，她所在的公司规模比较小，也没有什么名气，资质级别也不够高，因此业务情况并不景气。在一次招商大会上，她偶然地了解到一位老板的别墅很快就要交工了，如果能拿下这个业务，销售部一年的各类成本无疑就有了保证，尽管资质不高，但雯丽暗下决心一定要拿下这个项目。

为了接近这位潜在客户，雯丽找到招商大会的组织人员，并详细地了解了这位客户的基本情况，令她感到兴奋的是这位客户酷爱国标交谊舞，而自己恰好跳得不错，有了共同的爱好，自然就更容易拉近彼此的距离。

随即雯丽端起一杯红酒朝着这位客户走去："您是陈总吧？我听说您的交谊舞跳得非常棒。"对方在听到雯丽的询问后，稍微愣了几秒钟后，随即颇为自豪地回答道："是的，不过你怎么知道我喜欢跳交谊舞？"雯丽并没有正面回答对方的问题，而是微笑着回答道："我叫雯丽，也是个交谊舞迷，能不能和您交个朋友，切磋切磋舞技。"对方想都没想随口就答应了。

由于两个人有共同的话题，雯丽也懂得投其所好，所以在交谊舞的话题上，两个人越谈越深入，颇有一种相见恨晚之感。时机成熟后，雯丽逐渐将话题引向了"装修"的业务上，她装作不经意间问起对方的住处，这位陈总当即十分坦诚地说到了别墅交工日期，尽管有多家设计公司明确表示可以免费设计，但他依然为装修的问题苦恼不已。

雯丽不动声色地听着对方的抱怨，并十分隐晦地询问了这些设计公司的设计方案、别墅各房间的大小以及他苦恼的原因。一周后，雯丽打电话给陈总以切磋舞技为由，邀请对方参加一个公益舞会，对方欣然应允，舞会休息期间，雯丽将提前准备好的一份设计方案递给陈总，由于该方案既融合了其他几家设计方案的优点，又充分顾及到了陈总本人的审美，所以他颇为喜欢，再加上两个人谈话颇为投机，便同意将别墅的装修交给雯丽所在的公司。

要知道对于一个资质低的小装饰公司而言，要想接到这样的大订单，几乎就是不可能，这完全是雯丽在寻找话题时懂得投其所好的功劳。所以，在与人交流的时候，尤其是面对陌生的客户时，不妨多了解一下对方的兴趣和爱好，在寻找话题时多投其所好，谈论让他们感兴趣的事情，如此一来何愁打动不了对方呢？

说话的目的在于交流，说出来的话不管好坏都是为了给别人听，所以评判说得好不好，是不是会说，关键要看对方是不是接受，是不是感兴趣。如果只是一味地表达自己的观念和看法，丝毫不考虑对方是不是愿意听，那么又比对牛弹琴高明多少呢？

在社交活动中，我们会遇到形形色色的人：有的人喜欢坦率，和这样的人交朋友就要有话直说，如果总是拖泥带水，弯弯绕绕，必定会引起对方的反感；有些人轻松幽默，总爱谈论有趣的事情，要想赢得他们的青睐，就要学会避免谈论那些过于沉重、悲伤的话题……见什么人说什么话，要根据谈话的不同对象找到他们感兴趣的话题，只有这样才能迅速拉近彼此的距离，并建立起牢固的朋友情谊。

在言语上讨好对方并不是没尊严、没面子的行为，有时之所以不愿意投其所好，关键还是“面子”在作祟，人们总是习惯性的认为“见什么人说什么话”不仅没面子而且没尊严，所以，不愿意和任何人说一句软话，整个人整天都是一副刻板严肃的样子。实际上，这并不是明智的举动，既然几句对方感兴趣的话就能赢得对方的好感，那么，我们为什么不说呢？随着时间的变迁和时代的发展，如今的“戴高帽”、“语言上投其所好”，都不再是见不得人的事，而成为一种社交场上的智慧，一种谈话方面的专长。

“不好意思”给别人戴高帽，那么，我们只能被茫茫人海淹没；“不好意思”奉承别人，那么，你究竟靠什么赢得对方好感呢？天上永远都不会平白无故地掉馅饼，更何况是生命和事业中的贵人呢？俗话说，众人拾柴火焰高，一个人要想获得成功，就要有一种凝聚力，能够把周边的资源都调动起来，只有这样才能借助众人的力量达到自己的目的。如果你渴望成功，从现在起学会说话吧！见人说人话，见鬼说鬼话，唯有学会投其所好，才能在社交圈里如鱼得水，挖到梦寐以求的宝藏。

5

掌握主动权就要把丑话说在前面

对于一个人来说，在社会交往中，主动权掌握在谁手中，谁就能够从中获得更多的机会。也正是因为这一点，人们都希望能够在团体中掌握主动权，但并不是每个人都能够如愿以偿。

为什么我们掌握不了主动权呢？那是因为谁都愿意演“红脸”，而不想当“恶人”。俗语有云，良药苦口利于病，忠言逆耳利于行，越是对人们有利的真话听起来反而不那么悦耳，爱面子之心人皆有之，所以不少人为了照顾别人的面子，为了让自己脸上有光，哪怕是有丑话也会烂在肚子里，在他们看来，这才是修炼好人缘的秘密法宝。可是，这种做法真的能换来好人缘吗？

非也。人与人之间的交往在本质上就是一种心理博弈，谁占据了主导权，谁就能够引领对方的言语，甚至是行动。这就好比是两军对垒，谁先发动攻击就能先发制人，获得战略上的优势，如果我们太过于爱面子，不好意思当“恶人”，不好意思说丑话，那么，无异于将自己的软肋暴露在对方面前，结果也只能是被对方牵着鼻子走，到时候早已失去了占据先机的机会，再后悔也是于事无补。所以，一定要主动把“丑话”说在前边，只有这样才不会在社会交往中受制于人。

所以，不管是同事还是亲朋好友，遇事先和人打招呼，把可能发生的不愉快说在前边，打好预防针，这种做法不仅不会伤害彼此之间的感情，反而能够表现出你对对方的尊重，此外，当两人遇到麻烦和不愉快时，因为有言在先，所以往往也已经有了一定的心理准备，大大降低了关系破裂的风险。

美兰是一位单身主义者，出于长远的人生规划，她打算在自己工作的城市购置一套房产，理想很美好，但现实却很骨感，作为一名普通的工薪阶层，她的积蓄和收入并不足以购买一套公寓。

在一次偶然的聚会中，美兰和闺蜜谈起了这件事，谁知道两个人一拍即合，当即打算共同出资在市中心购买一套公寓。心动不如行动，两个人第二天就开始去售楼部咨询，并在工作人员的带领下四处看房。

经过长达半个月的看房和反复比较，两个人一致看中了位于市中心的“欧尚风情”高级白领公寓，随后两人口头商定一人出资一半，并缴纳了购房款。由于闺蜜工作十分繁忙，所以将办理房产证等事情全权委托给美兰，两个人是彼此信任的好朋友，美兰也没有推脱。五天后，当地房产局要求户主提供相关资料，房子是两个人买的，当然写两人的名字，当美兰打电话索要资料时，对方正在国外出差，所以随口说道：“写你名字就行，我信你，不说了，我得赶紧忙了。”说着便挂断了电话。

转眼三年过去了，两人住在一起也十分融洽，但突如其来的变故却令美兰头疼不已。一个月前，闺蜜被另外一个城市的大公司挖走，由于工作地点变动，对方想将房子的另一半产权按照市场价进行出售，于是矛盾便不可避免地产生了。

两人在出资之时，出于彼此关系的亲密，并没有把丑话说在前头，也没有谈及任何关于房子产权后期变卖等处理事宜，更没有拟定法律方面的合同，如今对方想卖掉另一半产权，美兰则不同意这样做，由于房产证上的名字只有一人，所以未经美兰同意，房子无法变卖，此事让两个人越闹越僵，最后不得不走上法庭，曾经的真诚友谊也早因这场变故而成为历史，美兰也因此而失去了人生中最为珍贵的一个朋友。

实际上，发生在美兰身上的这种悲剧完全可以避免，永远都不要因为对方是熟人、朋友、同学或家人，就把那些“丑话”藏在心里，关系越是亲密，越是应该把那些不愿意说的“利害关系”说在前边，只有这样才能避免日后由于利益纠纷而产生更大的不愉快。

一根钉子已经钉入木板，尽管我们可以利用工具再把它完好无损地拔出来，但木板上的那个洞却永远都不可能恢复如初。人与人之间的关系又何尝不是如此呢？一旦关系陷入了僵局，并对彼此的情感造成伤害，那么，无论我们付出多大代价去挽回，都不可能再回到最初，所以，不要等到流行病爆发再去打防御疫苗，早早把“丑话”说在前头，才是最明智，也是对彼此负责的做法。

佛语有云，有舍才有得，大舍大得，小舍小得，不舍不得。社交中的主动权谁都想要，但世界上永远没有免费的午餐，要想掌握主动权，就要放下你的“面子”，抛弃你的“不好意思”，唯有我们把丑出在前边，做一个直爽坦率的人，才能按照自己的心意在社交中尽情畅游，而不必担心会授人以柄，被对方牵着鼻子走。

要把丑话说在前边，这里所说的“丑话”又是指什么呢？每个人都是一个独一无二的个体，都有着自己的处事原则和底线，所谓“丑话”就是指那些令自己不愉快的言语或者是对自己造成伤害的行为，一定不能碍于面子就保持沉默，因为沉默并不代表着相安无事，当内心积怨已深，迟早都会爆发出来伤害彼此，反倒不如早说出来，对方得知了你的底线，自然会避免不当的言行，从而和谐共处。所以，不要怕演黑脸，只有把丑话说在前头，才能始终把社交的“主导权”紧紧握在手心里。

6

拒绝别人时，不妨巧妙地把话说得好听些

在社会交往过程中，不管对方是谁，我们都不愿意被拒绝，在大多数人看来，被拒绝是一件很没面子的事情，甚至会令人感到羞愧，还有一些人很可能会因此而患上社交恐惧症。事实上，像爱迪生那样经历了上百次的失败后依然不断尝试的人毕竟是极少数，当尝试受挫时，人们出于自我保护的心理，往往就会放弃尝试，所以，如果我们拒绝了对方，那么，再想和对方成为无话不谈的好朋友就会变得十分困难。

可是，拒绝对方总是不可避免的事情，毕竟谁也不是超人，不能永远都做到有求必应。既然拒绝是难免的，那么就要把拒绝对方所造成的不良影响想办法降到最低。那么，怎样才能既巧妙地拒绝了对方，又能不伤害彼此的情感呢？这时候，不妨巧妙地把话说的好听一些，既给对方留足了面子，又巧妙地表达了自己的拒绝之意。

也许有人会说，把话说的好听一些，其实就是一种善意的谎言，但是需要注意的是，这里所说的“谎言”并非真正意义上的谎言，而是一块彼此都心照不宣的“遮羞布”，是拒绝的一种委婉的表达方式。转换一种表达方式，对方既能明白你的真实意图，而善意的谎言又很好地保全了对方的面子，所以自然而然能避免不少尴尬。

我们都知道，那些喜欢仗义执言的人往往并不招人喜欢，哪怕他们的批评很中肯，提出的建议也不错，但由于说话不留情面，太直接、太伤人，所以经常得罪人，进而在社会交往中屡屡碰壁。实际上，只要在合适的时候说一句善意的谎言，完全能够摆脱这样的困境，所以，为什么不改变一下自己的处事风格呢？

老张在一家大型机械制造厂做生产管理，年过中旬的他有着一份不错

的收入，而且加上他性格随和，喜欢四处交朋友，所以人缘也不错。前不久，老张接到好朋友的电话，说是几个老朋友准备一块聚聚，这种联络感情的聚会，老张怎么能错过呢，所以他在电话里当即很痛快地答应了。

转眼到了约定的时间，老张早早就到达了约定的地点，一阵寒暄过后，大家开始边吃边聊。“老张，听说你在机械厂工作?”席间一个老同学似乎不经意地问起了老张的工作单位，老张微笑着点了点头，随即，老同学有些兴奋地说道：“呀，那真是太好了。我现在正需要一批小型机械，你看看如果从你们厂里买，能不能走出厂价。”

听到老同学的请求，老张一时之间犯了难，自己虽然在机械厂工作，但毕竟是负责生产这块的，销售那块的价格和事情都不怎么了解，这可如何回答是好呢？看着老同学一脸期待的表情，直接拒绝的话实在是说不出口，再说，没有任何表示就这样直接拒绝显得自己也不够朋友，经过短暂的思考过后，老张回答道：“不知道你需要的是什么型号的机械，具体需要多少呢?”

紧接着，老张把老同学需要的机械型号和数量十分认真地记到了手机上，并善意的告诉对方，自己回头会到相关部门询问一下，过几天再给答复。老同学一看老张如此尽心尽力，当即觉得十分高兴，甚至还特地拍着胸脯告诉老张，以后不管是在事业上，还是生活上，只要遇到困难尽管开口，只要是自己能帮得上忙的一定会出手相助。

很快一周过去了，老张并没有等到老同学询问，就直接打电话给对方，很是为难地告诉老同学，为这事自己专门去找了一趟销售部的领导，可是领导不好说话，实在是没法按出厂价，如果购买的话，也只能走批发价。老同学得知事情没有办成，丝毫没有怪罪老张的意思，反而觉得是给老张添麻烦了，所以，事后还专门请老张吃饭以表示自己的感激之情。

试想，如果当初老张义正言辞地拒绝了对方，那么，结果又会如何呢？老同学嘴上虽然不会说什么，但心里肯定会对老张有看法，认为他不愿意帮忙，故意给自己难堪。一旦心生嫌隙，那么，再好的关系也会有裂痕，只不过是时间早晚的问题。老张不愧是一个聪明人，仅仅靠着一个善意的谎言，不仅体现了自己为朋友两肋插刀的意气，还使得两人之间的关系更加牢固，这种做法十分值得我们借鉴。

谁也不是造物主，无法对每一个人的请求都做到有求必应，但拒绝也要讲究方法。古代孙子兵法中常讲“以退为进”，善意的谎言实际上也是“以退为进”的一种表现。哪怕是无法做到对方所请求的事，也不妨先答应对方，然后再抛出一个善意的谎言，委婉地拒绝对方。这样不仅能够避免难堪和尴尬，有时候还能体现出自己的诚意。要知道，善意的谎言不是道德败坏，而是对对方的尊重，如果能够巧妙地运用这种“以退为进”的交际手法，那么，必然会在社会交往中如鱼得水，游刃有余。

不要因为面子和不好意思而放弃拒绝别人，但拒绝一定要讲究方式方法，贸然直接的拒绝往往会被视为一种轻视，从而埋下日后关系破裂的隐患，聪明人懂得委婉地说“不”，绕一个圈子，来一个善意的谎言，先答应后拒绝，这才是处世的艺术。

7 准备些“糖衣炮弹”，人人都希望被赞美

喜欢被赞美是人的一种本能，从心理学角度来看，人们对自我的认同一部分是来自于对自我的认知，而另一部分则来自于他人对自己的肯定和赞赏。毫不夸张地说，赞美是世界上最好的化妆品，它可以让一个冷漠的人瞬间变得热情，也可以让一个内心悲伤的人，从内心深处生出丝丝暖意，也正是因为这一点，常常被赞美的人往往显得自信活力四射，而常常被批评的人则更容易自卑。所以要想有一个好人缘，首先要长一张“甜嘴”。

但在现实生活中，却有这样一部分人，他们很少夸赞别人，哪怕是他

人确实做出了值得赞美的成就，他们也常常是冷着一张脸一语带过，哪怕是夸奖的话到了他们嘴里，也莫名其妙地变成了嘲讽。事实上，谁也不愿意和这样的人交朋友，因为从他们身上永远都找不到对自己的认同，这已经不仅是面子问题了，而是会深深伤害一个人的自尊心，进而使其越来越不自信。

说一句夸奖的话有什么难，既然一句简单的话就能够获得对方的好感，赢得对方的信赖，那么又何苦因为“不好意思”而闭口不谈呢？人人都喜欢听好话，所以，在与人交往的过程中，不妨多准备一些“糖衣炮弹”，哪怕是再有原则的人，也禁不住糖衣炮弹的袭击，只要我们学会了这样的处事技巧，那么，没有不能交朋友的人，也没有恶语相向的对手。

凯文就职于一家环球广告公司，年轻的他做事容易冲动，而且一冲动起来什么都是不管不顾，在一次偶然的会议上，他一不小心得罪了经理，自此以后，他的日子开始变得越发难过，因为每次开会，经理都会拿他开刀，更是当着全体同事的面，把他批评的体无完肤，多少次，凯文都想直接与经理大吵一架，然后走人，但他转念一想，如果自己真走了，那岂不是白白忍受了经理的批评，再说离开了这家广告公司，自己还能找到更好的吗？思前想后，凯文还是决定要留下来。

原本以为，只要自己隐忍，经理总有一天会批评够的，可是转眼一个月过去了，经理不仅没有收敛，反而变本加厉。凯文意识到，如果这种情况一直持续下去，对于自己的事业发展是十分不利的。当着全体同事的面被批评没面子就不用说了，关键是时间一长，连同事都对自己有看法了，甚至公开嘲笑他：“你怎么不辞职呢？如果经理像这样批评我，我肯定会给他一拳，然后转身就走。”面对同事的揶揄，他也只能是尴尬地笑笑。

是否应该做点什么呢？凯文苦思冥想，终于想出了策略，那就是赞美。没有人不喜欢赞美的，所以自此以后，每当他遇到经理的时候，都会不经意间说一些赞赏的话。“经理早啊，您今天的领带真时尚。”“经理好，您现在还不去吃午饭吗？实在是太敬业了，我得向您学习。”“经理，您今天在会议上的提议真棒，我想了很久，都没有想到那么棒的主意……"

尽管这些小小的赞美并不花费金钱成本，做起来也很简单，但却十分有效。一周后，凯文就明显感觉到经理对自己的态度开始有所改观了，在部门的会议上也不再像以前那样批评他了，但顾及自己的面子，他并没有直接表示好感，而是严肃地告诫凯文，"工作上一定要多用心，不懂的要请教老同事，不要犯低级错误。"尽管经理在会议上的态度还是很冷漠，但比起之前的批评已经和气了很多。

经理的变化令凯文十分开心，他意识到是自己的赞美发挥了作用，自此以后，每天上班，不管是遇到经理还是同事，都会随口夸奖一句，"哈，贝克，你新剪的头发真不错"、"莉莉，你今天穿的这件衣服真漂亮。""老皮特，我周末看到你遛狗了，那只黑背可真是个健壮的家伙。"……在这些"糖衣炮弹"的攻击之下，凯文很快就赢得了公司上下所有人的好感，大家都认为凯文是一个很友善而且有趣的同事，所以工作上也很愿意配合或者帮助他。三个月后，凯文不仅在公司站稳了脚跟，还成为了公司最受欢迎的人。

被人批评确实不是一件愉快的事情，但切不可因为被批评伤了面子，就与对方大肆争执，甚至是拳脚相向，因为这只会把事情搞得更糟。这时候，不妨先学会退一步，低一低头，然后好好调整自己的心态，进而以德报怨，以赞美来打破被批评的僵局。

随着人与人之间交往的逐渐增多，越来越多的人学会了赞美他人，但为什么赞美也会遭到对方的嫌弃呢？很重要的一点是你的赞美之词不符合实际，它失去了真实性，要知道，夸大事实的赞美无异于搬起石头砸自己的脚，只会给人留下油嘴滑舌的虚伪印象，怎么可能赢得对方的好感呢？

此外，要使你送出去的赞美奏效，也要找准对方的优点，如果赞美的地方并不是对方的敏感点，那么，他们很难对你的话产生情绪上的影响，也就很难达到赞美的效果。找对赞美点，赞美才能起到人际关系润滑剂的作用。所以，我们在日常生活中，不仅要多准备一些"糖衣炮弹"，还要做到因人而异、因地而异、因时而异。赞美的场合不对，时间不对，效果也会南辕北辙。

因此，“糖衣炮弹”也并非是处事良药，要想在社交中如鱼得水，使用“糖衣炮弹”时一点要讲求真实性和针对性。漂亮的人一般高傲，所以只能夸他们漂亮而不是聪明；聪明人一般睿智；爱打扮的人要夸其有品位；看重亲人的则要夸其孝顺……所以我们的赞美要不显山不露水，否则就被对方划入“歪门邪道”的行列，进而主动躲避。

最后，赞美还要学会“弹钢琴”，一群人在一起，你只赞美一个，势必会得罪其他人，所以赞美的时候要尽量照顾到所有人，以免因为冷落其中某人而落话柄，甚至在无形之中为自己树敌。

第四章
DI SI ZHANG

听从内心的声音，别让“不好意思”牵着鼻子走

光怪陆离的社会，五彩缤纷的诱惑，这个世界总是充斥着各种各样的声音，在物欲中迷失自我，在放纵中堕落到深渊，在颓废中忘记本真……有多少人早已忘了自己本身，他们已经成为名副其实的“面子”傀儡，在“面子”的支配下上演着一出又一出的木偶戏。

1

做真实的自己，别让“不好意思”误导自己

必须得承认，每一个人都是一个推销员，我们无时无刻不在推销自己。面试是把自己推销给公司，相亲是把自己推销给异性，即便是当你夸奖自己的亲人或朋友时，也是在推销。当年孔子带着弟子周游列国，宣传自己的执政理想，也是一种变相的推销。可以毫不夸张地说，人人都在推销，无论你属于社会的哪个阶层，无论你身居何种职务，都需要进行推销。可是，有些人却碍于面子，没办法把这项工作做好，从而导致他人无法认识真正的自己。在社交活动中要想做真实的自己，就要克服不好意思，毫无保留地推销自己。

人们常说第一眼的印象非常重要，这体现在生活的各个方面，第一次面试，因为紧张给公司人事经理留下了不好的印象，第一次相亲因为紧张让对方看不到真实的自己，第一次上门推销因为紧张而被对方拒绝，这些都是生活中常见的一些情况。在失败面前，我们常常会找各种各样的理由为自己开脱，事实上却是自己爱面子，拉不下脸，结果反倒因为“不好意思”而丢失了真实的自己。为了避免这种悲剧的发生，我们千万别因为面子问题而误导自己，要努力克服“不好意思”，敢于做真实的自己。

你有没有这样的经历，喜欢一个人，于是想给他打一个电话，结果还没有打电话心里就感到紧张，不知道该说什么，可是旁边朋友又鼓励你去勇敢地打这个电话，你不好意思不打，于是就硬着头皮拨通了电话，此时你的心里已经乱了，不知道该说什么，当电话里传来“您拨打的电话已关机”时，一颗心终于放了下来。

假如你有过类似经历，那就说明你已经陷入了一种误区：你害怕“不好意思”，你的社交已经出现了障碍，已经不能向别人展示真实的自己，

你的人生越来越累，路也越来越窄。实际上，“不好意思”是一种胆怯、懦弱的表现，如果你总是找各种借口来开脱，那么，就会错过很多成功的机会。在生活中，要学会克服这种畏惧心理，闯过“不好意思”的迷雾，做回那个真实的自己。

小张大学毕以后进入一家销售公司，做了一名普通的销售员，由于在销售方面没有经验，所以一直没有业绩。当公司安排一个新客并且让他去拜访的时候，他既兴奋又紧张。实际上，小张在面对陌生人时表现得往往十分羞涩，这一次也不例外。他甚至不敢与客户进行对视，对客户提出的那些问题回答的也是结结巴巴，交谈结束后，他发现自己竟然紧张得连衬衣都被汗水浸湿了，手掌心里也全是汗水，结果可想而知。

但是，小张并没有因此而抬不起头来，谈判失败后，他仔细地找寻自己的原因，进行了认真的反省，然后主动向同事学习销售技巧，最后他得到这样一个结论：自己对自家产品的质量、性能了如指掌，和同事没有什么区别，也掌握了一定的销售知识和技巧，这些都没问题，唯一的问题就是在与客户交往时，因为害怕失败而不好意思开口，是“不好意思”的心理在作怪，结果使得自己不能很好地与客户沟通，这才是失败的关键原因。

找到原因之后，小张开始有意识地改正。在以后的推销工作里，他总是对自己进行一些暗示治疗：即便这次失败了，也没有什么不好意思的。我要相信，总有一天，一定会取得成功的。与此同时，他还认真制定了一套销售计划，然后按照制定的计划安排自己学习一些知识，尽力去补充自己在与客户沟通上的心理障碍。

为了使自己在行业中能够成为一名优秀的销售人员，他不断地进行自我补充和自我完善，详细了解公司相关产品的长处和短处，慢慢地，他克服了“不好意思”的心理障碍，开始能够从容自若地面对客户，而且还能与客户进行一些比较深入的沟通。

一次，公司遇到了一家大型集团企业客户，公司的其他同事因担心失败，没有人敢顶住压力去谈这单生意，此时，小张自告奋勇去完成这一任务，在接下来的日子里，他完全放下“不好意思”的心理包袱，全身心投入进去。果然，功夫不负有心人，他终于凭借自己的努力换来了签约成功。

走出了“不好意思”迷林的小张开始在销售的岗位上如鱼得水，尽管在这之后，他仍然遇到过一些失败，但每次他总能从失败中总结教训，汲取失败经验，并不断改正提高，伴随着他的努力，业绩自然也是水涨船高，不久后他因此而受到领导的赏识，并被提拔为所在部门的销售经理，成为业内的小有名气的销售员。

从上述这个典型例子中我们不难发现，在很多时候，“不好意思”是阻碍人们成功的一块绊脚石。回头看看我们曾经的失败经历时，你就会发现，失败了没有什么不好意思的，反而可以为我们带来非常多的宝贵经验和教训，等有了这些宝贵的财富，那么何愁闯不过“面子关”呢?

做人就要像案例中的小张那样，要有一股子“脾气”，一股子不服输，拒绝向“不好意思”认输的脾气，因为狭路相逢，“硬”者胜。

曾经有一位国际上著名的推销员，他开始从事自己的推销工作时，也经常因为“不好意思”推销而业绩一直上不去，每当他站在那些客户面前时，总是会变得十分慌乱，甚至语无伦次。他在后来演讲中回忆当时的心情说：“在那些客户面前，我经常会显得手足无措，特别担心自己会引起那些客户的不满。假如这次推销不成功，那么，在我看来，将会是一件非常丢面子的事。可是我没有让这种现象继续下去，因为我发觉假如自己不想办法克服这种心理，那么我就一辈子都干不好推销这项工作。”

也正是因为这样，他决定改变自己的命运。在后面的日子里，他开始尝试以“不顾面子”的心态去拜访一些客户，结果效果出乎意料的好。当然，他们还是原来的那些客户。只不过，这次改变的是他自己，而情况就发生了转变，他们那些人都像朋友一样，说起话来非常随和、自然。自从他克服不好意思推销的心理障碍后，心情也因此轻松了许多。原来的羞怯、退缩不见了，销售业绩也随之迅速提高了。

在人与人的交流过程中，人们都是通过言行来认识了解对方的，如果我们因为“不好意思”展现真实的自己，反而畏畏缩缩、羞羞答答，那么，必定会给对方留下不真实的印象。别让“不好意思”误导我们在众人当中的形象，大胆地做真实的自己才是最为明智的做法。

2

不要因为别人的眼光而失去自我

在我们的日常生活中，尤其是在销售行业，许多人在第一次面对陌生人或客户的时候，虽然敢于迈出第一步，与客户面对面坐下来交流，但表现却往往不尽如人意。不是坐立不安，就是手足无措、语无伦次，而且一不小心就加上了自己的口头禅。为什么平时与自己的好朋友交谈起来就可以谈笑风生，而一旦与客户交谈起来，就变成了这样？事实上，这完全是因为我们太过于看重他人的眼光，从而失去了自我。

永远都不要活在别人的嘴巴和眼睛里，说起来容易，但在现实生活中，却很少有人能够做到。面对他人的讽刺与挖苦，又有几人能够做到心如止水呢？通常来说，越是在意他人对自己的评价，就越容易失去自我，旁人说你为人冷漠，你便主动变得热情；无意中听说自己做事太刻板，便丢了原则……如此一来，你还是你吗？恐怕连自己都会觉得陌生。所以走自己的路，让别人说去吧！

很多销售新人太重视客户，以至于在客户的面前总有一种压迫感，被他们的一言一行牵着鼻子走，失去自我的销售员怎能引领消费者，从而达成自己的销售目标呢？在推销的过程中，一定不要被客户的眼光和言行影响，而要始终都坚持自己的观点，并试图用自己的观点和看法去说服对方，引起对方精神上的共鸣，只有这样才能打动客户，最终成功。

不管是求职、交朋友还是谈生意，都不要因为别人的眼光而失去了自己。一个有着独立人格和思想的人才更具有人格魅力，更容易赢得他人的认可和赞赏；反之，墙头草随风倒，毫无主观见解的人往往会被人瞧不起。既然如此，就不必太过于在乎别人的眼光，保持不卑不亢的态度，才是社交中最为明智的做法。

刘琳是一位刚刚毕业的大学生，应聘到一家饮料公司做销售，经过一个星期的培训后，他被安排到市区当“理货员”。她需要负责的就是在指定的超市里把自家商品摆放在显眼位置，并摆整齐摆出特色，以便吸引消费者购买。但是，如今的市场竞争早已经达到了白热化，超市为了自身的管理规范，根本不允许一个业务员随意摆放商品。

为了做出业绩，刘琳总是不厌其烦地对那些超市负责人讲“多卖一些我们公司的产品就可以帮你们提升形象”之类的说辞。一天，刘琳走进一家很小的便利店，存了包后就径直走到货架前，这时看到了女店员十分不友好地靠在货架上，刘琳心里直打鼓：该怎么称呼她呢，从她的年龄上看，称呼她小姐似乎不大合适……假如称呼阿姨，她生气了怎么办……

思前想后了半天，刘琳终于鼓起勇气来到她面前，嗫嚅着说：“你好，我是××饮料公司的业务。”女店员看都没看她，就懒洋洋地说道，“我听说你是名牌大学毕业的，怎么就找了一份这么差的工作，之前的业务员也都是大专生，真是想不通，你一个好好的名牌大学毕业生，竟然来干这么垃圾的工作。”说完鄙夷地看了刘琳一眼便慢悠悠的走了。

刘琳原本对这一份工作颇为满意，尽管是业务员，但这家公司发展前景好，未来提升空间更是不可限量，但女店员的话却深深刺激了她，是啊，我堂堂一个名牌大学生居然来干业务员，也难怪会被人看不起。就是因为超市女店员的鄙夷眼光和挖苦讽刺的话，刘琳想都没想，当天就向领导提出了辞职申请。

辞职后的刘琳开始四处投简历求职，但事与愿违，合适的工作并不好找，晃晃悠悠半年过去了，她还是没有找到称心如意的工作，但以前和她同时入职做业务的同事已经升任区域销售经理了，待遇更是翻了一番，强烈的对比之下，刘琳不禁悔不该当初，都怪自己太在乎别人的眼光，就因为他人一个鄙夷的眼神，几句无关紧要的挖苦，就失了主见，实在是愚蠢至极。

刘琳的经历告诉我们，在别人的眼光中更要勇敢地坚持自己，没有人是上帝，他人的话语也未必是真理，如果仅仅因为一句话就放弃了自己前进的脚步，那么，最终遭受损失的也只能是自己。

英国前首相丘吉尔曾说过：“一个人绝对不可在遇到危险的威胁时，背过身去试图逃避。若是这样做，只会使危险加倍。但是，如果立刻面对它，毫不退缩，危险便会减半。决不要逃避任何事物，决不!”不管是职场上的新人，还是在社交中穿梭的形形色色的人，都应该像丘吉尔说的那样勇敢地去面对他人的一切言语和看法。因为逃避只能使自己的困难加剧，心理恐惧也会随之越来越重。其实，只要你能相信自己，坚持自己并勇敢地迈出第一步，那么以后的事情就容易了。

人生在世，总是会不可避免地参与各种社交活动，遇到那些尖酸刻薄的人，难免会受到那些不屑的眼神、难听话语的困扰，甚至会因此而对自己产生怀疑，但千万不要轻易改变自己，一千个人眼中有一千个哈姆雷特，谁都不能无法成为一个人人都喜欢的“橘子”，适当的保持特色会让我们更有魅力。

当然在这些评价中，不乏有一些真知灼见，能够帮助我们改正缺点、完善自我，这就需要我们仔细去辨别。对于那些无关痛痒或以人身攻击为目的的眼神和话语，不必理会，更不用往心里去，尽快忘记才是最为恰当的处理方式。如果因为这些人的眼光而背上了心理包袱，甚至是盲目地去修正自己，只会失去自我，成为大家饭后茶余的谈资和笑柄。不妨试着每天给自己 10 分钟时间思考，学会不断地总结，忘掉他人的看法，专心走自己认为正确的路，坚持做理想中的自己。

3

让“不好意思”成为你的动力，而不是压力

心理学大师席莱曾经说过：“我们极希望获得别人的赞扬，同样的，我们也极为害怕别人的指责。”金无足赤，人无完人，任何人都难免会犯错误。即便是高高在上的领导有时也要接受别人的批评，哪怕是自己下属的批评。不可否认，在面对别人的批评时，我们要面子的心态就会跳出来，感到自己受到了侮辱，怒火中烧，甚至会找理由打击报复。

的确，作为一个领导者，发现下属对自己有些不满，确实是一件让人难堪的事情，但这并不是世界末日，假如处理得当，反而是一个新的开始。无论对方是何种身份，只要他的批评对自己有利，就可以去接受，没有什么面子问题。不要去打断别人的话，试着放下自己的领导架子，学会正确地去接受批评，事实上这并不会降低你的威信。

在面对下属、晚辈的批评和指责时，“不好意思”承认自己的不足就会变成沉重的心理压力，让我们喘不过气来，实际上，这完全没有必要。只要我们转换一下思路，压力也能变成动力，抛开“不好意思”的心理，单纯从他人对自己的批评指责来说，这对于一个人的自身成长是十分有好处的，不仅能够帮助我们找出缺点和不足，还能督促我们尽早地改正，从这个角度来说，他人的批评也是一种鞭策我们前进的动力。

小刘是一位三十多岁的妇女，因为单位的效益不景气，她下岗了，只好自谋出路。经过朋友介绍，小刘进了一家保险公司，参加了保险公司培训，并成为一名保险推销员。很快，她便开始上门拜访陌生客户，但是中国的大多数人对于保险行业都比较反感，因此，小刘一开始便遭到了拒绝，更是吃了无数的闭门羹。

对此，她很沮丧，被人拒绝毕竟不是一件让人舒服的事。小刘渐渐地

变得不自信，最开始从事保险业的那股激情也渐渐地消失了。当她回到家里看到自己的老公和孩子，心里又充满了莫名的忧伤，不出去工作怎么行呢，总不能一直仰仗老公吧，作为一个母亲，应该给孩子树立一个成功的榜样，再看看自己，真是一个糟糕的妈妈。

善解人意的老公觉察到了小刘的沮丧，了解了情况后便开始劝解小刘，一块帮忙分析找原因。原来小刘犯了职场新人的毛病，感觉自己上门去推销有些抹不下面子，毕竟自己原来是国家单位的一名职工，而且碰到熟人一说，“啊，小刘，你怎么去跑保险了啊”，小刘立刻泄了气，感觉丢人极了，甚至恨不得找一个地缝钻进去算了。

再说原来自己也拒绝过无数上门推销保险的，现在干着这样一份工作，也难怪别人会瞧不起。得知了问题的根源，老公就开导小刘：一定要放平心态，没有什么不好意思的，卖保险也是凭自己的劳动挣钱吃饭，不偷不抢，并不丢人。而关键是不要怕被拒绝，即便是这家不需要，还有别家需要。

在老公的帮助下，小刘又重新找回了信心，在炎热的夏天，她开始重新给自己制定计划，并翻找出原先那些拒绝自己的客户，准备重新拜访。同事劝她：“你换一些新的客户吧，这些人都已经拒绝一次了，你怎么好意思再一次上门让人家再一次拒绝呢，如果人家再一次拒绝你了，那你多没面子啊!”

小刘心里也有一点犹豫，但是想起爱自己的丈夫和孩子，她决定再去尝试一次，自己是因为不好意思推销而被拒绝的，但换个心态，克服“不好意思”不也是一种工作动力吗？即便再次被拒绝了，但克服了不好意思，也是一种成功。

功夫不负有心人，经过小刘半年多的努力，不光啃下了那些拒绝过她的一些客户，还拉拢了不少周围的朋友，如今，她的一些亲朋好友凡是需要买保险的都会主动找她，甚至还会借助自己的人脉给她介绍新客户。现在，小刘已经是一名保险销售主管，在她脸上再也看不到一丝胆怯，她已经完全克服了“不好意思”的心理障碍，人变得越来越自信，业绩也是蒸蒸日上。

成功学大师拿破仑·希尔曾经说过：“心态决定命运。”一个人有什么样的心态，就会有什么样的人生。一个人如果把“不好意思”当做压力，那么，必定会在压力的作用下，越来越不自信，人生态度也会越来越消极；反之，如果把克服这种心理障碍当做自己行动的动力，那么，必然能够取得一定的成效。其实故事中的小刘就是生活中一部分人的真实缩影，在很多时候，改变一下自己的心态，所有的事情都会变得不同。

人们常说，“压力就是动力”，由此可见，压力和动力并不是绝对的，同样，不好意思向亲朋好友推销，不好意思和熟人做生意，这既可以视为压力，也能看作动力，关键在于我们看事物的角度和心态。

如果碍于“不好意思”，处处躲避熟人、朋友，甚至连工作内容都藏着掖着，生怕对方知道自己在卖保险、做销售，久而久之难免会生出“做贼心虚”的压力感，工作又怎么能做好呢？换一个思路和观察事物的角度，这种压力完全可以成为动力，为什么不好意思让大家知道自己在做销售呢？说不定正好有需要的人。压力都是自己找的，如果你愿意摆脱“面子”问题带来的压力，那就让克服“不好意思”成为督促你进步的动力，只要竭尽全力，任何人都能做成自己愿意的事情。

4

能进能退才能把关系处理得妥妥当当

强者不得好死，弱者不得好活，唯有该强时强，该弱时弱，才能活出精彩自我。现实生活中往往有两类人：一类是时时刻刻唯“面子”马首是瞻，他们会摆谱、能吹牛；另一类则视“面子”为粪土，在他们看来“排场”就是一场幼稚无比的游戏。其实，中国人历来讲究中庸之道，太要面子不可取，丝毫不在乎自己则很可能被人小瞧，所以该该出手时一定要表明立场，因为在特殊场合，机遇不等人，当你还在犹豫该怎么做的时候，原本该属于你的机遇往往已经过去了。

即便一个人的气场再强，其影响力也是有限的，当面对很多人时，很难通过个人的气场达到目的，这时候就不妨借助令人震撼的场面来强化自己的影响力。比如销售总监在动员业务人员的工作士气时，就可以多讲讲排场，带领大家去高级宴会厅开会，邀请大家去高级餐厅进餐等，这种做法能够在很大程度上强化个人的影响力，从而帮助领导树立更鲜明的个人形象。

在与重要客户谈生意时，尤其要学会讲排场。如果我们总是一副小家子气的模样，难免会把谈判搞砸，这时候适当地讲讲排场只有好处没有坏处，请对方参观一下自己具有国际一流标准的高科技生产线；让对方了解一下产品中所蕴含的各项专利技术；邀请对方到豪华酒店享受一顿工作餐……尽管这些行为是在讲排场、在摆谱，但也能很好地证明企业的实力，从而促成交易的达成，所以说，在该出手的时候，不要藏着掖着，更用不着讲谦虚，因为把谱摆好，才能凸显自己的影响力，打动对方。

小丁经过多年的打拼，开了一家会展公司。由于小丁眼光独到，管理得当，市场把握精准，企业也逐渐走上了正轨，但在业内也只能勉强算一个中等规模的会展公司。小丁是一个颇有事业心的人，他将全部的精力都放在了公司发展上，皇天不负苦心人，在勤奋和努力下，小丁终于搞定了一个大客户。

这是一次绝好的展现机会，因为小丁这次的客户是一家大型跨国企业，这家企业本身就很有知名度，如果能将这次的会展做到极致，那么，一定能够在业内一炮打响，进而大大提升自家企业的知名度，从而朝着大型会展公司发展。

会展讲究的就是一个规模、一个排场。排场越大，宣传的效果也就越好。尽管小丁并不是一个要面子的人，客户也并非喜欢摆谱，但会展不同于其他行业，在这个行业，谁低调谁就会被市场淘汰，谁不会摆谱，谁就会在宣传竞赛中败下阵来。为了搞好这次展览，小丁可是下了不少工夫。演出的班子找的是大陆最红的明星，选择的展览场地也是本地最高档的场所，展览的布置是专门聘请的国内知名展览设计师，可以毫不夸张地说，这场会展从任何一个角度都是当地最顶级的。

这么大的会展自然引来了不少媒体争相报道，不管是当地的都市报，还是电视台，甚至是中央级的电视台都对这次会展进行了或多或少的报道，一时之间，小丁公司组织的会展成为了人们街头议论的热点话题。

实际上，小丁为了搞好这次展览，投入了不少资金。尽管公司已经进入正轨，但流动资金并不充裕，而要想搞一个有排场的会展，所需要的各项支出是十分巨大的，对于一个公司来讲有排场才能打响知名度，有排场才能有市场，正是抱着这种信念，小丁不惜拿出公司的全部流动资金和自己的全部私人积蓄作为资金支持。

实践是检验真理的唯一标准，这场展览非常成功，不仅很好地满足了客户的宣传需要，而且在宣传客户的同时，也很好地提高了自己公司的知名度。这次会展还没完全结束，小丁的公司就接到了雪花一样的订单，这可是前所未有的盛况，看来从中型企业向大企业迈进的时机已经成熟了。果不其然，一年后，小丁的公司就成为了当地会展公司中的龙头老大。

事实上，该排场的时候就要排场，试想，如果小丁毫无排场观念，丝毫不懂得怎样把排场搞大，那么，他又如何能够通过一次会展而一鸣惊人，从而为公司开拓出更为广阔的发展空间呢？我们提倡低调，但在本该讲排场的时候低调，在该出手的时候装沉默，这不仅不是一种美德，反而很可能会让我们陷入一种无法摆脱的困境，进而在茫茫人海中浪费余生。有排场才会有气场，有了气场才能征服更多的人，如果不懂得这个道理，不管在什么时候都保持着沉默与低调，那么，迟早都会被市场所淘汰。

如今，气场已经成为一个热门词汇，可是，又有几个人知道气场是怎么回事呢？所谓气场也就是坚持自己的魅力，更是一种张扬的富有感染力的人格魅力，不管是一个人还是一家企业，都应该具有这样的“光环”，因为它能够给我们带来更多的人脉资源。

所以，在适当的时候，我们不光要学会摆谱、讲排场，更要学会坚持自己的独特魅力。静若处子，动若脱兔，该低调的时候一定要足够低调，该行动的时候也要雷厉风行，只有这样，才能在竞争越来越激烈的社会一鸣惊人，从而赢得更多的人脉和社会资源。此外，还要把骨头硬起来，自己是什么样就什么样，拿出强大的气场来，只有这样，才能在茫茫人海中拔得头筹并取得成功。

5

和自己赛跑，不要和别人比较

在日常生活中，我们经常爱和别人比较。和别人比工作、比能力、比钱财、比家庭、比背景，这种比较往往让我们生活得很不开心，感觉自己处处都不如别人。事实上，学会欣赏自己，才能让自己活得更加幸福，因此，我们每个人就要学会抱着“和自己赛跑，不要和别人比较”的态度来正确面对生活。要知道，生命是自己的，生活同样也是自己的，不要把自己大部分的时间都浪费在和别人的对比上。每个人都有一些令别人羡慕的东西，当然，也有一些令自己感到缺憾的东西，谁都不可能事事如意。

要学会多提高自己，不要老是从别人身上找原因。看上级不顺眼，往往是因为自己的能力不够；看同事不顺眼，往往是因为自己的胸襟不够；看老板不顺眼，往往是因为自己的梦想不够；看朋友不顺眼，则通常是自己的眼力不够；看自己不顺眼，那是因为自己确实需要提高了。

星云大师曾经说过：“人生的道路，无论是崎岖或平坦，都要靠自己去走；人生的滋味，无论是酸甜或苦辣，也要自己品尝。”每个人的路都需要自己去走，无论遭遇怎样的坎坷曲折，都要抱着淡泊的心态。俗话说得好，人无常势，水无常形，世间的一切皆无固定的模式，自己经历过的才是自己的人生。在人生路上，没有一样是永恒。所以，就要学着去拥抱生活，感受生活的点点滴滴。人生的命运，无论面对的是幸运还是悲伤，都要抱着一颗平常心面对。坎坷的人生会让我们感受世间冷暖，尝尽世间的酸甜苦辣，这样才会洞悉世间万物，胸怀宽广。

地球是圆的，人不可能永远处在一个倒霉的位置上，同样，生活里的痛苦也不会永远存在，中国有句俗话：三十年河东，三十年河西。在经历这些的时候，都要保持内心的洒脱，改变了命运，同样就改变了生活。在生活中，我们需要一种阳光的心态，一种乐观的生活态度。

人生其实很漫长也很短暂，过好自己的生活才是每个人生活的重点，怨天尤人或者争强好胜，都是一种心态失衡的表现，正确地认识自己，努力地提高自己，只有这样，才能真正地提高自己的生活品质。

一所中学，有一个普通的班，班里的学生大都不爱学习，因为在他们的面前还有六个实验班，所以他们感觉考上大学根本就是不可能的事，因此，整个班里的学习气氛非常低落，除了极个别学生还在努力外，大部分学生都在等着混到毕业，领个毕业证，然后工作。

学校分配来一位新老师，是这个班的班主任兼英语老师，而且刚从师范学院毕业。这个班主任非常负责任，每天都全心全意地教学生学习、复习，但是，这帮学生自认为比不过实验班的学生，因此都抱着破罐子破摔的想法，学习成绩一直上不去，每次在学校的各科考试中落败。

有一次，高二英语联考，这个班的成绩居然超过了几个实验班，学生们非常高兴。

发卷的那天，老师把考卷发到每个人的手里说：“请你们计算一下自己的分数。”

学生马上就开始计算自己的得分，其中一个学生喊道：“老师，我的多给了 20 分。”剩下的同学马上也都喊起来：“老师，我的也多给了 20 分。”课堂上乱哄哄的。

老师叫大家安静下来，说："同学们，我给你们每个人都多加了20分，是希望你们给我争光，我努力地教你们，就是希望你们可以为老师争口气。可是你们却老认为自己是普通班而放弃努力。叫老师在别的老师面前抬不起头。

我是一个来自农村的孩子，家里很穷，父母去世得早，但是我告诉自己无论如何都不要认输，为了能够继续上学，我暑假在建筑工地打工挣学费，舍不得吃。就是这样，我终于上完了师范。可是你们，看到人家实验班，就自暴自弃。我替你们感到丢脸。

你们是我的学生，我不希望你们认输，现在你们才高二，离明年的高考还有一年多的时间，现在开始努力还来得及，所以，希望你们都努力起来，以后不需要老师再给你们加分数。让老师也可以在别的老师面前抬起头来。"

从此，班里的学生开始好好学习了，经过一年多的努力学习，在高中毕业的时候，这个班创造了学校的历史，以一个普通班的身份夺得了全校高考第一名。

这个故事不难看出，每一个学生其实都是有能力的，只不过因为和那些实验班的学生比较，产生了自卑心理。作为一个老师，及时地掌握了学生的这种心理，及时地进行了纠正，使得学生们充分发挥了自己的潜能，取得了好成绩。

在日常生活里，我们每个人都要学会和自己赛跑，提高自己的能力，学会发挥自己的潜能。要学会多向别人学习。但是，在向别人求教时，千万不要被一种成见所蒙蔽，因为某人平时给自己的印象极佳，那么他说出来的话就一定是对的，这样你就错了。你要看对方对你所求教的知识懂不懂，有没有经验。美国杂货业大王凡瑞迈可说："年轻人平时最大的错误，就是对于任何事自己都先存了一种成见，当他们去请教别人时，实际上，并没有存着探索真理或搜求有识者经验的目的。他们最后无非是希望对方对他的意见大加夸奖一番，如果对方给了他一个否定的回答，他往往不区别事情曲直，只是大失所望，最后还是依自己的意思去做。"

当我们在求教于人时，还应该注意一件事，那就是当即判断自己拒绝还是接受。如果不愿意接受，也不要说出来。否则就会伤害了他人的面子，导致不必要的麻烦，对自己也没有任何的好处。

生活中，处处是学问，掌握了就是自己的。几千年前，孔子说：“三人行必有我师焉。”就是告诉我们一定要时刻向别人学习，多学习别人的长处，只有通过不断的学习才能真正地提高自己、完善自己。

父母常说：“你没吃过猪肉，还没见过猪走吗?”话虽然不好听，道理却实在。一个人通过观察别人就可以学到很多东西。一个人的处世能力并不是与生俱来的，都是经过后天的学习培养出来的。

在我们的身边，能说会道、会办事的人大有人在，他们的言谈举止就是我们学习的目标。看他们是怎样与别人打交道的，思考他们的得与失，学习和借鉴他们的成功方法，就能提高我们每个人的办事能力。

要学会虚心地向别人请教，来提高和完善自己，从而为自己的成功办事打下一个良好的基础。

6

面子不值钱时，你才能找到真正的自我价值

一个人的价值与“面子”没有丝毫关系，越是在乎面子的人，往往越会把时间浪费在了毫无意义的事情上，只有抛开面子，才能找到真正的自我价值。一直以来，“脸皮厚”都是一个贬义词，往往用来责备、斥责、嘲讽别人，可是，如果从另一方面来看，脸皮厚则包含了“坦然豁达”、“智谋过人”、“勇敢坚强”、“心胸开阔”等意思，是一个人实现自我价值的钥匙，更是成功的保证。

汉朝开国皇帝刘邦就是一个脸厚之人。有一次，沛县县令宴请富豪大贾吕公，当地的一些豪杰官吏听说，纷纷前来祝贺。席间，“凡是贺礼不

满一千钱的，都要坐在堂下”。刘邦闻讯前来，空许“贺钱一万”，就旁若无人地坐到了上席。后来，刘邦成就自己的大汉王朝与厚脸皮不无关系。

无数事实证明，当一个人面对外界的不良刺激，如果这个人的脸皮厚，那么环境对其心理的冲击与震荡就越小，这个人就会具有豪迈的气魄，最终就会成就大事，刘邦就是这种人物的杰出代表。

反之，一个人如果太看重自己的面子，脸皮薄，反而没有立足之地。在我国古典名著《三国演义》里有这样一个故事，有一次，诸葛亮率领蜀军和魏军对阵，魏国的王朗骑在马上劝说诸葛亮投降。诸葛亮却哈哈大笑，反而讥讽王朗是“叛臣逆子”。结果，王朗脸皮太薄，被诸葛亮气得落马而死。这种人又怎么会成就大事?

人们要想有所成就，就一定要放弃自己所谓的面子，把面子作鞋垫子踩在脚下，只有这样，才会具备超强的心理素质，才能让自己充满自信和斗志，从而妥善应对各种复杂局面。哪怕是有人揭了自己的伤疤，也要做到自我平衡，只有这样才能扭转不利局面。

李强是一位留学美国的计算机博士，毕业后他打算在美国发展。于是，他怀揣着自己的博士文凭开始满世界找工作，结果却总也找不到合适的，好点的单位不会聘用他这种没有工作经验的，差些的单位他又看不上，结果高不成低不就一直找不到工作。

美国的生活成本非常高，一直找不到工作的李强眼看着自己的生活越来越拮据，不要说出人头地，这样下去恐怕连最基本的生活都没办法保证了。面对这种情况，李强痛定思痛，决定放下面子，收起博士文凭，把自己当做一个普通人重新去面试求职。

很快，他就被一家电脑公司录用，成了一个基层的程序录入员，心态放平的李强就从这个基层的工作开始干起。在平凡的工作岗位上，他没有像其他年轻人那样消极抱怨，而是认真负责、一丝不苟地干好本职工作。

一段时间后，李强的工作表现引起了上司的注意，上司发现一个一般录入人员竟然能发现程序中的错误，这可不是一个普通员工能做到的。上司专门找到李强谈话，于是，李强拿出了学士证书，上司紧接着就给李强安排了一个与本科毕业生对口的工作。

又过了一段时间，上司发现李强在做好本职工作的同时，依然能够发现一些问题，而且还能够提出一些有价值的建议，上司又一次找他谈话，李强随即拿出了自己的硕士证书，于是，上司又一次提拔了他。

经过前两次的事件，上司开始注意观察李强，结果发现李强不仅能够做好本职工作，而且能发现一些很细小的关键问题，还能提出自己的一些合理化建议。李强的表现引起了上司的好奇，于是，上司又一次找他谈话，这时，李强最终拿出了自己的博士证书，并讲述了自己这么做的原因。

上司听了李强的叙述后，直接把他推荐给老板。老板接见了他，并委任以要职，因为，经过这段时间的工作磨合，老板已经全面了解了李强的学识和工作能力，而李强也最终有了一份体面的工作，一份和自己博士学位相匹配的工作。

从这个故事不难看出，李强不愧是一个聪明的博士，在经历了几次失败之后，他放下自己的身份与架子，不再考虑自己的博士学历，而是从最基层开始做起，然后在实际工作中开始一次次展现自身才华，正所谓是金子总会发光的，李强的所作所为引起了上司的注意并非偶然，而是一种必然，在上司的赏识和提拔下，他也最终一步一步走向管理岗位。

和李强相反，许多年轻人在刚刚踏入社会时，往往把自己抬得太高，放不下自己的面子、身段，把自己的一堆头衔、底牌全部都亮出来，结果反而会引起一些用人单位的反感。也有一些人自身期望值太高而错失很多机会，最后反而失去了真正的自我价值。其实，这些都是放不下面子惹的祸。因此，要想真正获得成功，就必须学会在恰当的时候放下面子，从基层开始做起，当我们真正实现价值时，自然能够脸上有光。

事实确实如此。用心观察，我们不难发现，那些脸皮厚的人，即便是遭遇别人的一些冷嘲热讽，也会表现得若无其事。这样的人就很少会和别人发生矛盾，而且处理关系的能力非常强，得到别人帮助的机会也就多。

所以，要想在社会上有所建树，那么，从现在开始尝试着学习“厚脸皮”吧！要试着不要再为一些小事斤斤计较，遇到任何挑衅都要临危不乱，只有这样，我们才可能会有一番大作为。

7
除了能力，一个人更需要魄力

每个人都在努力，但是有一天你会发现，即便是你已经提高了自己的能力，还是会遇到一些让人感到沮丧的事情。比如，和自己相恋 7 年的女朋友最终却成为了别人的新娘。自己辛苦打拼出来的成果却成了别人的功劳，那些能力不如你的人可能现在正是你的上司，即便是每天兢兢业业地努力工作，却还是要忍受上司的作威作福。你有更进一步的能力，却总是被一些人打压，有很多好的想法和创意却总是得不到施展。其实一个人光有能力是远远不够的，还要有足够的魄力。

人们经常说，对自己要狠一点，这里所说的“狠”也是一种魄力，一种敢于对自己毫不留情的魄力。在现实生活中有两种人，这两种人对待机会的态度也是各不相同。第一种人没有创造机会的魄力，所以只能沦为弱者，只会等待机会，最终在无尽的等待中蹉跎岁月；第二种人魄力十足，即便是没有任何机会，他们也会凭借自己的一腔热血闯出千万条路。

每当人生中出现一些坎坷挫折时，缺乏魄力的人往往会给自己找各种各样的借口，以此来掩饰自己的缺点。而那些既有能力又有魄力的强者则永远充满了乐观精神，随时为机遇准备着。事实上，人生中总是充满了各种各样的机会，只不过不同人对待机会的态度不同而已。一味地感慨怀才不遇或者生不逢时不仅无济于事，更是缺乏魄力的表现，所以不要再抱怨了，及时完善自己才是解决问题之道。

徐明是一位应届大学毕业生，在学校时他的成绩一向挺好，不仅是班里的学习委员，而且是校学生会委员，所有知道他的人都认为他将来肯定会有一番了不起的作为与成就。他本身也非常努力，在没有正式毕业之前他就报名参加了公务员考试，凭借着自己的努力，徐明在万人争过独木桥的公务员考试中脱颖而出，这引来周围不少人的羡慕眼神。

进入政府部门后，徐明依旧非常努力，但自从进入单位后，他逐渐发现，每天上班无非就是打杯开水，泡点茶叶，看看报纸，或者和几个办公室的人员聊会儿天，很简单的一点儿工作只需要一个人一会儿就干完了，结果却有四五个人一起干，大家整天都在磨洋工。时间一长，徐明发现单位的人都已经麻木了，没有谁想真正做点事情，即便是有，也因为这样那样的原因而丧失了斗志。

在这种环境之中，徐明感到自己创造不出光明的未来。一天晚上，他和单位的几个人一起出去吃饭，发现附近夜市上有一个虾仔面摊转让，本身就非常喜欢烹饪的徐明不禁动了心。回去后，经过一段时间的调查，徐明认为虾仔面的生意可以做大，于是，在众多亲朋好友不理解的目光中，他毅然辞去了人人羡慕的公务员职位，转而摆摊卖起了虾仔面。

经过不断打拼，徐明的生意是越做越红火，后来不但扩大了规模，而且还开了两个分店。随着生意的扩大，周围不少同行也都改善了条件，这样就加剧了竞争。徐明清楚地知道，这样下去，虾仔面的市场优势越来越不明显，于是，他又用虾仔面挣来的钱投资做起了其他生意，并将亲手经营的最红火的虾仔面转让了出去。如今，徐明赚的钱不知要比虾仔面高多少倍。他现在已经成为当地小有名气的企业家。而此时，那些他以前的公务员同事依然在政府机关里过着朝九晚五的无聊生活。

人这一生当中总会有很多机会，但是，并不是每个人都有足够的魄力像徐明一样改变现状，并抓住稍纵即逝的机会。要想做人上人，在机会面前，就一定要有魄力，只有这样才可能突破现有生活模式，活出自我、活出精彩人生。

试想，如果徐明当初不去卖虾仔面，那么他终其一生只是政府机关里的底层公务员，尽管享受着不错的薪金和福利待遇，但根本无法实现自己的价值和想法。徐明面对抉择，拿出了非凡的魄力，敢于放下公务员体面的工作和架子，敢于放弃自己优厚的工资待遇而去选择摆地摊卖虾仔面，这种魄力十分令人钦佩。当然，在这里不是要求所有人都去做类似的事情，只是想说明，在人的一生当中，在某些必要的时候，我们要具备徐明身上这种抛弃架子和优越感的勇气与魄力。

事实上，成功之门对每一个人都是敞开的，随时都在欢迎那些努力的人们，可是，谁都明白：不经历风雨，怎能见彩虹？没有人可以随随便便成功。在现实生活中，如果我们要想获得成就，就要获得机会，而不是被动地去等待。机会从来都不是等来的，而是要主动地去创造、去争取。也就是说，在提高个人能力的同时，我们必须有创造机会的魄力，敢于去尝试和承担，只有这样，才会最终取得成功！

在现实生活里，往往有一些人缺乏打破现状的魄力，尤其是那些生活稳定的中年人，他们已经取得了一定的成就，不管是事业还是生活都进入了成熟状态，所以更害怕失去现在所拥有的一切，宁愿守着无趣的日子整日抱怨，也不愿意打破现状，创出一番天地来。企业老总出于成本和风险考虑，迟迟不更新生产设备；明明工作能力出众，却守着一份差得不能再差的工作，不敢向上司提加薪升职，这些都是缺乏魄力的表现。

在一些非常时刻，尤其是当机会来临的时候，如果总是前怕狼后怕虎，迟迟不敢做决定，难免会错过最佳时机，只有拿出魄力，路才会越走越宽。尤其是对于准备转行或跳槽的人来说，如果没有足够的魄力改变现状，抛弃旧单位、旧行业，那么根本不可能成功。

当今社会，要想走出一条属于自己的路，光有能力是远远不够的，魄力更是不可或缺。我们要学会放下学历、放下家庭背景、放下所谓的身份和面子，把自己放进一个“普通人”的行列，不要在乎别人异样的目光，想好了就大胆地去干，勇敢地去做，走自己认为值得走的路，这是每一个人走向成功的必经之路。

第五章

DI WU ZHANG

学会巧妙地拒绝，别让“不好意思”伤害了你

当今社会，构建健康的人际关系，不仅仅是与他人友好相处那么简单。我们必须要具备的技巧就是“拒绝”。通过拒绝，能够保护自己不受伤害，并在此基础上得到对方的认可。对于每一个人而言，拒绝都不是一件简单的事，但当对方微笑着接受我们的拒绝时，那种心情真的非常惬意。所以，学会巧妙地拒绝别人吧，拒绝他人是生活中的一种艺术与技巧，学会灵活地运用它，会使你生活得从容不迫。

1

如果不想吃亏，就果断拒绝对方

“吃亏”一词在词典中的解释为“遭受不公正待遇”。在人际关系的范畴中，吃亏是指被动接受本身不愿接受的事物。其实，日常生活中偶尔吃些小亏，也是正常之事，只是当我们自己“吃亏过多”时，就应该考虑是不是因为自己太想做好人，才会使自己习惯性地接受“吃亏”。

如果确实是因为自己扮演了“老好人”的角色而使自己吃亏，那么，我们就要想办法最大限度地避免吃亏，以使自己心里平衡。那么，能够尽量避免吃亏、使我们自主掌控人生的方法究竟是什么呢？没错，就是拒绝。若想在自己的人生舞台上出演主人翁的角色，我们就不能再坐以待毙，不能再对“吃亏”一事逆来顺受，从这一刻起我们要学会拒绝！

能力出众的程序员闵竹在公司中一向被大家称为“多面手”。每每公司推出新的项目，虽然所有人都在忙碌，但每个人的工作进度都不见有什么明显进展。然而，一旦临近任务交付期，大家便都会对闵竹的工作进展倍加关心，如果闵竹适时地完成了自己的工作任务，大家就会纷纷请求她的帮助，最后闵竹简直成了“超人”，她几乎要承担起所有的事情。

当项目结束以后，部门中人会不约而同地用“了不起”、“真棒”等词对闵竹大加称赞；但是，一旦结果或者程序中出现了错误，人们又都会以抱怨的目光去对待她。面对过分繁重的附加工作以及同事们不谢反怨的态度，闵竹虽然一直非常恼火，但在不知不觉中，接受他人请求已经成了她的一种习惯。

一次，闵竹在同时帮助众多同事处理工作的过程中，犯下了一个致命错误。其实，以闵竹的工作状态而言，出现这类问题绝非是偶然之事。这次错误使闵竹背负了写检讨、扣奖金等一系列处罚，她为此付出了惨痛的代价。

问题出现以后，那些曾经受到过帮助的同事适时为闵竹送去了安慰，同时也对她一直以来的工作表现给予了高度评价。但令人始料不及的是，闵竹所在的公司却突然陷入了经营危机，而紧随其后的就是所有人都不愿面对的减员问题。在这场减员运动中，闵竹因为该项目中的错误以及自己的临时工身份，最终失去了来之不易的工作。

此后，闵竹更换了许多工作，但由于她并不具备令人信服的工作经验，而且年龄也在不断增长，她始终未能跻身于公司正式职员之列。其实，与他人相比，闵竹在能力方面、在工作态度方面，都具有很大的优势，但她失去的反而更多。她失去的不仅仅是自信、青春、值得炫耀的工作经验、朝夕相处的同事，还有人生之中最为重要的、能够带给自己快乐情趣的公司生活。

当然，走到这一步，最主要的责任在闵竹。当闵竹回顾往日经历时她才猛然发现，自己所走的每一步似乎都与“吃亏”二字形影不离，这不禁令闵竹感到非常懊恼。可是，为什么闵竹总是会选择“吃亏”呢？

事实上，一直影响闵竹人生境况的“吃亏”，与某日突然遭受某人伤害的吃亏在性质上大有不同。也就是说，闵竹陷入这种窘迫境地根本就怨不得别人，完全是她在自食其果。为什么要接受同事不合理的请求？就算能力允许、可以为他们提供帮助，但最起码也要通过正常程序进行交接吧，如果是这样，闵竹又怎么会平白无故地吃了“哑巴亏”呢？在面对同事们的附加要求时，她为什么不拒绝呢？

每日为工作奔波的闵竹，只不过也是个普通人而已，她“放任”自己一味吃亏，最后落得一无所得。其实在我们的生活中，认为自己一直在人生舞台上扮演着吃亏角色的人，远比我们想象得要多，而且他们也确实生活在吃亏之中。

那么，很多人为什么“放任”自己一味吃亏呢？究其原因，主要是“不好意思”心理在作怪。有些时候，我们本想拒绝，心里很不乐意，但碍于一时的情面，却点了头，结果给自己留下长久的不快。所以，如果并非心甘情愿，就一定要坚决“拒绝”。拒绝虽然会使对方感到不高兴，但是为了能够成为自己人生中的主角，应该拒绝的事情，我们就要果断地予以拒绝。

当然，我们也不可不分状况地一味回绝对方。我们应以熟练的拒绝技巧为基础，准确判断当前状况是否适合做出拒绝，要在对方能够接受的情况下，合理维护自身利益。

因为只有当我们感觉自己完全可以自主选择时，人生才会变得更为轻松，才能够挖掘出一切潜力。人际关系中同样如此，如果我们不善于拒绝他人的请求就会感到自己的人生正被他人所牵制，丝毫不受自身控制。因此，我们要培养无论任何情况下都能合理做出拒绝的自信心。

拒绝别人的时候，首先要注意拒绝的原则。拒绝的原则可以分为三类：第一，要拒绝请求的具体内容。第二，拒绝不针对人，而是针对请求。第三，不能由他人代替，必须由“我”亲自拒绝。我们只要时刻铭记这三种拒绝原则，在处理人际关系时，就绝对不会因为拒绝而产生不必要的误会或矛盾。

其次，拒绝别人后不要心怀愧疚，因为如果拒绝得当，对方即使被予以拒绝，也不会感到不高兴。正因如此，有些人在受到拒绝的情况下，依然会心情自然；反之，有些人尽管得到了应允，但心情却会显得黯然低落。

当然，如果理应拒绝的事项，自然就要果断拒绝，但与此同时，对于对方的心情、价值及重要性，我们必须加以肯定。这样，即便是遭到拒绝，对方也不会感到生气或是忧郁。

只要我们能够做到上面这两点，在以后的人际关系之中，就会充满

“只要我愿意，就可以随时拒绝”的自信。也就是无论在任何情况下都敢坦然拒绝别人的自信。

相信只要我们能够掌握有效的拒绝技巧，困扰已久的生活压力便一定会随之得到缓解，而我们的人生也会变得更加愉悦、更加幸福。事实上，要做到这一点并不困难，只要我们有恒心、肯付出、愿学习，就一定会拥有一个健康的人际关系。

2

再熟悉的人，也要学会说“不”

人活在世上，总会遇到一些为难的事情，总会有些同窗好友、同事朋友，相处的日子久了，自然有求于彼此，如果我们能办到的话应尽最大的努力去办，假若朋友提出的某些要求过分，不是我们个人力所能及的，就出现了要拒绝他人的问题。如果一口回绝别人，特别是亲戚朋友的一些要求确实是不近人情、没有人情味，因此处理这类问题时，我们往往感到很棘手，不知道该如何开口拒绝，明知道一些事情办不成，可又怕伤害了朋友之间的友谊。

所以当需要做“不”的决定时我们往往就会变得犹豫不决；当需要大声地说“不”时却沉默不语。对家人、朋友更是难以开口说“不”，为了使他们满意而满足他们的每一个请求，最终使自己琐事缠身，很少有属于自己的时间，学习、工作、生活一团糟。

很多人都抱怨生活中有太多的尴尬和无奈，造成这种尴尬和无奈的原因，很多就是因为我们不太会拒绝别人，不习惯说那个最难念的字：“不”。

秦桑并不是心理咨询师，可是在她身边，总有各种各样的朋友喜欢把自己的“隐私”说给她听。秦桑总是耐心地听着对方诉说，时不时还会因为对方的不幸遭遇而落下几滴眼泪。长期处于各种负面情绪困扰的秦桑终于承受不住这份压力了。

朋友之间的聊天，不外乎最近都有些什么活动和见闻之类的话题。而秦桑却成了公认的被倾诉者。一旦哪位好姐妹在感情上遭遇了挫折，她们都会把秦桑约出来，整整一个下午都哭诉自己的不幸。其实，她们都知道，秦桑并不能帮她们解决所有的问题，只是她们需要倾诉，需要把负面情绪释放出来。

如果说聊天的内容正常一点也就罢了，可是每每随着话题的深入，秦桑就会逐渐发现一些自己没有办法控制的事情。就在前几天，小李还在向她说怀疑自己的老公在外面有外遇，而红红整天都向秦桑抱怨公司的待遇不好，董晴则是哭哭啼啼地告诉秦桑她又和男朋友分手了。秦桑从早晨一睁眼，就开始被别人这些杂七杂八的事情困扰着，以至于自己在工作的时候都无法把心思用在正常事务之上。

每次聊天结束之后，秦桑的朋友们全都像是获得了新生一般，她们的痛苦和委屈确实得到了发泄，而对于秦桑来说，本来好好的一个周末下午，却被无缘无故地笼罩上一层阴云。

有时候秦桑也不得不感叹，“知心姐姐”可真不容易当啊！而她还没有意识到自己其实已经处于一种危机状态之中了。

随着时间的流逝，姐妹们曾经对秦桑说过的话对她产生了潜移默化的影响。每次见到上司时，她总会想起红红说的那些话；见到董晴的前男友，秦桑的心中则会事先树起一条警戒线。最近，秦桑不但在工作上频繁失误，而且连家庭关系都开始变得紧张。直到有一天秦桑才恍然大悟，原来自己的正常生活已经完全被打乱了。

秦桑并没有觉察到，自己在倾听别人的诉说时，诸多的负面、消极情绪逐渐渗透到了自己的生活之中。到头来，自己不但无法帮朋友们解决实际问题，还让自身陷进了悲观情绪的影响之中。此时的秦桑，已经成为了他人无节制的倾诉对象。

如何避免我们自己也变成“秦桑”呢？那就要学会对熟人让自己做的那些既浪费时间又没有实际作用的事情说“不”。学会说“不”、懂得说“不”是一门重要的艺术，是作为“社会人”应具有的一项重要能力。我们需要学会用“不”的智慧保护自己，用“不”的力量说服别人，用“不”的方法正确决策，用“不”的秘诀改变人生。

有人或许说，朋友之间，有人遇到困难，我们理应伸出援手给予帮助。帮朋友的忙本无可厚非，但是要分清帮什么忙，不是所有的忙我们都能帮，也不是所有的忙我们都应该去帮。要让朋友明白，你有自己的事情，有自己的主意，有自己的坚持。不要因为朋友恳求的眼神，鼓动的语气，就放弃自己的初衷，就改变了自己的意见。勉强地答应别人可能会让你琐事缠身，焦头烂额，甚至是筋疲力尽，烦恼懊悔。

所以不要在需要说“不”的时候，就犹豫不决，就沉默不语，就理亏脸红。一定要说得理直气壮，坦坦荡荡，自信飞扬。坦诚交友，进退有度，有自己心里的原则和底线，明确自己的思想和立场。

其实，当你的能力有限，无法帮助别人时，千万不要勉强，你应该毫不犹豫地学会说“不”，学会拒绝。说“不”不是不近人情，不是自私冷酷。只要你真诚地道出你的苦衷你的原则，必能获得朋友的谅解，得到对方的尊重。因此，从现在起，请学着对别人说“不”吧！大声地说出来：“我不喜欢，我不想，我不！”

3

拒绝要懂技巧，不要伤害对方的面子

在我们的生活当中，总要面对各种各样的人和事。其中，有许多积极的，也会有许多消极的；有符合自己意愿的，也有不符合自己意愿的；有我们乐意接受的，也有我们需要拒绝的。比如，有人需要我们帮忙，但我们却由于某方面原因而不能帮他时，就需要拒绝他。而直截了当拒绝的话，很难说出口。但是，有时候我们必须拒绝对方，就必须要掌握拒绝的技巧。掌握了一定的技巧，我们才能轻松愉快地说出“不”字，才能使对方高高兴兴地接受“不”字。

比方说，在拒绝他人时，我们可以暂时作出错答，这是一种不错的拒绝技巧。这样可以转移其他听众的注意力，也可以使请求者领悟到拒绝他的意思，免于因说破而造成尴尬局面和其他不良后果。

易连昆和小樱是毕业不到一年的大学生，他们已经在同一个公司工作了三个月的时间，在一起工作久了，易连昆对小樱产生了爱慕之情，想要表白自己的心愿。

小樱虽然心领神会，知道易连昆的心意，但是，小樱对他并没有男女之情，她很珍惜这份友情，不想将这份友情向爱情方面发展，但她感觉同事之间还是不要说破，保持一种纯真的朋友情为好。

这一天刚下班，同事们都在边收拾自己的东西边讨论去哪儿吃饭，易连昆走向小樱，小樱正和同伴菲儿商讨周末去哪儿玩儿，看到易连昆向自己走来，便知道了他要说什么，于是，小樱下定决心，想到了拒绝他的方法，就和同伴一起笑着等易连昆走了过来。

易连昆走到小樱的面前，有些犹豫地说：“我有一个问题想问问你，你是不是喜欢……”

同事们都停下来看向这一边，菲儿也很好奇地看着他们俩，小樱明白他的意思，就打断他说：“哦！我喜欢你借我的那本书，我都看了两遍了，还没看烦，尤其是里面讲到的奇幻世界，真的很奇妙。”

易连昆以为小樱会错意了，想要说得更清楚一些，就急忙接着说：“你难道看不出来我喜欢……”

同事们更好奇了，都起哄似的看着他们，小樱不慌不忙地又打断他，笑着说：“我知道你也喜欢这类的书，以后咱们可以交换一下学习心得，这样可以互相促进对方进步。”

易连昆有些心急，他干脆直截了当地问：“你有没有……”

小樱看他要说出口，也有点着急，灵机一动，马上截住他的话，不让他有喘息的机会，又笑着说：“这么巧呀，我确实早就有这个想法，我们也可以向其他人介绍这本书，互相交流切磋，共同学习。”

同事们听到这里也都一哄而散，各干各的去了。易连昆听到这儿，又看了看小樱坦然的样子，霎时明白了她的意思，同时也非常感谢她的委婉，没让自己在同事们面前尴尬。

小樱3次截断易连昆的问话，使得他明白了她的想法，不再追问了。这比让易连昆直率问出来，而小樱当面予以拒绝，效果自然要好得多，同时他们也不会因此在以后见面尴尬，丢失纯真的友谊。

学会拒绝他人的技巧，既可减少许多心理上的紧张和压力，又可以表现出自己人格的独特性，也不至使自己在人际交往中陷于被动，生活就会变得轻松、潇洒些。在拒绝别人的时候，我们可以运用以下几种回答方法：

婉拒法：哦，是这样，可是我还没有想好，考虑一下再说吧。

不卑不亢法：哦，我明白了，我认为你找对这件事感兴趣的人效果会更好，好吗？

幽默法：啊！对不起，今天我只好当逃兵了。

缓冲法：哦，我再和其他人商量一下，你也再仔细考虑一下，过几天再决定，好吗？

回避法：今天咱们先不谈这个，我想有一件事你更关心了……

补偿法：真对不起，这件事我实在爱莫能助了，不过，我可帮你做另一件事！

有时候拒绝需要很长一段时间，对方会不定时提出同样的要求。若能由被动变成主动而关心对方，并让对方明白自己的苦衷与立场，也可以避免拒绝他人时的尴尬与影响。当双方的情况都有所变化时，就有可能满足对方的要求。

懂得了拒绝的技巧，将会使我们受益无穷。有技巧的拒绝，不但不会给我们带来负面影响，反而能得到他人的敬佩与尊重。

当然，拒绝的过程中，除了技巧，更需要有发自内心的耐心与关怀。若只是随随便便地敷衍了事，对方其实都看得到。这样的话，有时更让人觉得我们是一个不诚恳的人，对我们的人际关系伤害更大。

有一大部分人会产生这样的想法，难道我们在现实生活中非要拒绝别人不可吗？我们在拒绝他人时都要采用这些委婉的方法吗？其实在现实生活中，关于拒绝他人，我们还要注意以下问题。

第一，在日常生活，我们就应该真诚地对待朋友和同学，积极地帮助他们。每个人都应该明白一个简单的道理“平时帮人，拒人才不难”。

第二，如果是由于自己能力或客观的原因，我们应该坦诚相对，说明自己的实际情况，同时，要积极帮对方想办法。

第三，对于某些情况，直接说“不”的效果更好，特别是对于那些违法乱纪的事情，应持坚决的态度来拒绝。对于那些可能引起误解的事情，也应该明确自己的态度，否则会“当断不断，反受其乱”。

拒绝他人是生活中的一种艺术与技巧，学会并灵活运用它，会使我们生活得从容不迫，也会使我们有一个良好的社会关系。要懂得在适当的时候用适当的方法说“不”，拒绝别人不一定是件坏事，如果我们没有时间、没有能力帮助别人，那么拒绝别人的请求是正确的选择。当我们拒绝他人时，要让对方心服口服地接受自己的说法，而不要让对方产生被轻视或受到伤害的感觉。

4

点到为止，别让对方太“不好意思”

一般来说，在遇到违背自己做人的原则、不符合自己的兴趣爱好、违背自己的价值观念、可能陷入不利于自己的关系网、损害自己的人格、助长虚荣心、庸俗的交易、违法犯罪的行为等情况时，都需要我们去拒绝对方的要求。

拒绝对方，也要给对方留一个退路，留一个台阶下，也就是说在拒绝对方的时候，点到为止即可，要给对方留面子，要能让他自己下梯子。对于并非完全无理的要求，不应全盘否定，断然拒绝。特别是自己无法做最后决定时，更应措辞审慎，留有余地，让对方心悦诚服。

杨老师在北方一所高校的文学院已经任教20年了，最近文学院进行了第一次教师职称评选，杨老师作为院里的老教师却没有评上，他心中有些不甘，想最后再试一下。于是他就在评定结果公布前找到了张校长家里，希望借此机会和校长谈一谈，向张校长诉诉苦、求求情，使自己能够评上。

到了校长家里，张校长非常热情地接待了杨老师，双方刚一入座，杨老师就开门见山，迫不及待地对张校长说：“张校长，我想知道这次评职称我有希望吗？”

张校长并没有直接回答，而是先递给了杨老师一杯茶，并笑着说：“先喝茶，最近你身体怎么样？”

杨老师听了，只好接过茶杯，压下心中的焦虑，应付道：“身体还算过得去。”

张校长接口道：“这就好，现在你们这些老教师可是我们学校的宝贵财富，青年教师还要靠你们传帮带呢！”

杨老师听了张校长的话，感到了一丝希望，急忙回答说：“作为一名老教师，我会尽力的，可不知道我能否……”

张校长早已知道了杨老师今天到访的目的，就接着他的话说：“不管这次评得上评不上，我们学校都要依靠像你这样的老教师，你经验丰富，教学得法，学生反映不错。我想对于一名教师来说，这一点比什么都重要，你说呢？”

杨老师叹了一口气，只好回答道：“是啊。”

张校长见到杨老师叹气，接着说道：“这是你们文学院第一次评审，历史遗留的问题较多，僧多粥少，有些教师这次暂时还很难如愿，要等到下一次，但这只是个时间问题。相信大家一定能谅解。但不管怎样，我们会尊重并公正地评价每一位教师的劳动，尤其像你们这些辛辛苦苦几十年的老教师的劳动！”

杨老师听了张校长的这一番话，明白了张校长的意思，心里不由得生出敬畏之情，同时也非常感激张校长，没有让自己处于十分尴尬的境地。杨老师点点头，没有再说什么，就起身告辞走了。

这个例子中，张校长对杨老师表示了充分的尊重，肯定了老教师的成绩，虽然拒绝了他，却也是拒绝有度，点到为止，让杨老师心悦诚服。

此外，拒绝别人的时候，也可以通过引用名人名言、俗语或谚语等来作答，以表达出自己的意思，或表明自己的观点。这种方式的好处是显而易见的，既增加了自己说话的权威性与明确度，又不必在解释和说明上浪费太多的口舌，还能点到为止，既能给对方留面子，使对方信服，也能有效地达到自己所要的效果。

当然，拒绝别人时点到为止，不让对方太尴尬、下不来台，还要注意以下两点：

一，不妨先倾听一下，再说“不”。

“倾听”能让对方得到自己被尊重的感觉，在你婉转地表明拒绝他人的立场时，也要避免伤害他人，还要避免让人觉得你只是在应付而已。

“倾听”还有一个好处是，虽然你拒绝了他，但你可以针对他的情况，给出合理的建议。若是能提出更好的办法或替代方案，对方一样会感激你。

因为一般人都会有一种补偿心理，如果你想的办法不很理想，但你已经尽力了，这也在一定程度上减少了对方的失望感；如果你的办法帮助别人解决了他的问题，他会更感谢你。

二，温和但又要明确地说“不”。

当你仔细倾听，明白对方的要求后，并认为自己可以拒绝的时候，说“不”的态度既要温和又要明确。温和就是委婉表达拒绝，点到为止，明确就是很清楚地表明自己的立场。用温和且明确的方式说“不”比直接生硬地说“不”让人更容易接受。一般来说，对方听你这么委婉，小心翼翼，一定会“知难而退”，再去想其他办法。

总之，应该多掌握几种拒绝别人、点到为止的技巧。比如为他人提些建议，安慰一下他的心情，向他陈述自己的难处，鼓励他人勇敢地面对等。要让别人感觉你好像还在和他一起解决难题，让他充满理解和信心地离去。当然，如果有能力，还是要尽力帮助求救于自己的人，这是良好品格的表现。

5

坚持弹性原则，就给他模棱两可的答案

模棱两可的回答或者敷衍的回答是一种有弹性的沟通方法，也是一种最常见的处世技巧，敷衍的回答是在不便明言回绝的情况下，模棱两可地答复他人。敷衍是一种艺术，运用好了不但不会失信于他人，还会取得良好的效果。

所谓“不食言”就是说到且一定做到。在许多时候，人们对说出的话、做出的决定，过不了多久就会后悔，乃至忘却，不再履行。然而，不论你有多么后悔，也要遵守自己做过的承诺。违背诺言只会让自己更加被动，不仅赔了损失还要赔上信誉。所以，不能轻易对别人食言。

有人说：“信用既是无形的力量，也是无形的财富。”这话一点也不夸张，毕竟谁都不愿食言。所以很多情况下，为了不食言，我们无法拒绝别人，虽然这时候拒绝是对别人的一种尊重，是为事情找到更好的解决方法的最佳途径。可是，为了不失信、不食言，只能用模棱两可这种有弹性的回答来回应对方。

如果对方比较聪明，能够明白我们这种模棱两可的回答背后的信息，可能会自动放弃。事实上许多人在请求别人帮忙的时候，都是抱着莫大希望而来。给别人模棱两可的回答，不要决绝地拒绝别人，不要让人认为我们是一个失信于别人的人，使自己陷入被动的局面。

人处在一个复杂的社会背景中，互相制约的因素有很多，为什么不选择一个盾牌挡一挡呢？食言本身就是一件令人十分难堪的事，我们完全可以选择态度不是那么坚决，甚至有些模糊不清、模棱两可的回答来回复对方，这样，他们能够理解我们的做法，从而不会对我们抱太高的期望。

避开实际性的问题，故意用模棱两可的语言做出具有弹性的回答，既

无懈可击，又避免了自己的信誉和诚信度受损。这样做既能让对方明白你的立场，也能充分保留自己的面子。

灵素和敏敏在同一公司上班，两个人在公司是同事，私下里关系也不错，是旁人羡慕的一对好朋友。

一天，敏敏因为家中有事必须请几天假，而不巧这时她正准备和一位大客户签约，对手公司也在不断争取这位大客户，此时正是关键时刻，自己却无法分身。敏敏想来想去，想到了同事兼好友灵素，于是开口请她帮忙去跟这位客户签约。

对方是自己的朋友，且自己也没什么要紧事儿，灵素就答应了敏敏的要求，可谁知当天医院打来电话，告知灵素父亲生病住院了，灵素没有其他的亲人，只能自己去照顾。可是自己一边要忙工作，一边还要照顾生病的父亲，帮朋友去签约实在是分身乏术。

可是想到几天后的签约，而自己又答应了敏敏，灵素一下子不知道该怎么办。她不得不拒绝敏敏，但是又不想让敏敏太伤心，于是便在脑海中反复思考着该怎样拒绝她。最后她对敏敏说："这件事比较困难，这几天我比较忙，过两天再看看吧。"

对于做事一向急性子的敏敏来说，见灵素答应后又说了这样一句模棱两可的话，以为她在犹豫，就想也许灵素需要考虑一下，于是并没有催促。

过了一天，敏敏又问到这个问题，灵素回答说："我也不太确定，你别抱太大希望，可能我会去不了。"敏敏听灵素这样说，明白灵素可能真的没有时间，确实有事儿去不了了，就把这件事托给了别人，便急急忙忙赶回家去了。

灵素这边见敏敏交代好了别人，自己也就放心地处理工作、家庭的双重压力了。几天之后，敏敏高高兴兴地回来上班，发现与那位大客户的合约已经签好了，灵素父亲的病渐渐好转，也已经出院。两位好朋友的关系并没有因为这件事受到任何影响。

如果灵素断然拒绝敏敏，两个人的友情可能会遭受波折。如果灵素沉默不语，会让敏敏觉得灵素已经答应了她的请求，就不会再找别人帮忙，那么事情会变得更加糟糕。

否定或拒绝他人时可以运用一些模棱两可的语言，对于对方的要求似乎有肯定的因素却又仿佛有未能肯定的理由，让对方感到得到了某些方面、某种程度的理解，从而不容易引起对方的反感和愤怒。同时，让对方意识到他的要求并未得到你的许诺，从而达到含蓄拒绝的目的。

当你面对别人的请求时，如果不能确定自己是否可以把对方请托的事办好，或根本就不想接受请托，可以用下面这些听起来模棱两可的回答：

“嗯，你说的事情我会考虑的。”

“这件事情比较困难。”

“我不确定这事能够办成。”

“我帮你问问看，如果不行我也没有办法。”

“也许可以吧！我不确定。”

“最近我比较忙，过两天再看看。”

“这件事等我回来再说好吗?”

……

如果你对情况把握不大，就应该把话说得灵活一些，最好用弹性的语气，给自己留下回旋的余地，使之有伸缩的余地。多使用“尽力而为”、“尽最大努力”、“尽可能”等有较大灵活性的字眼，这种承诺能给自己留下一定的回旋余地。

为了不食言而给对方模棱两可的回答，可使对方明白我们的苦衷，相信我们不是没有信誉的人；如果生硬地否定或拒绝，对方则会产生不满，甚至仇恨、仇视你。把话说得委婉、模糊一些，这样做既不伤人，又不会使自己失信于对方，彼此还能和和气气，何乐而不为呢?

6

勇敢说“NO”，但一定要对事不对人

生活中难免会遇到这样的情况，亲人、朋友、同事等有时会要求你做一些事情。而这些要求有的根本就不合理，有的超过了你的能力范围，总而言之，你的内心是不情愿的。但是，你担心别人会因此而不高兴，甚至会影响到日后双方的交往，只好硬着头皮应承。然而，事后你自己却会因此感到沮丧。

就这样，你做着自己不愿意做的事，你允许别人不断地利用你，你心中的不满日积月累。有一天，你终于失去了耐心，把积累的怨气一并爆发，可想而知，结果将会非常糟糕。

由此可见，我们必须要学会拒绝，我们要能够勇敢地对别人说“NO”，只有这样，才能提高我们的工作效率和生活质量。

要知道，想做个有求必应的老好人并不容易，人们的要求永无止境，往往是合理的、悖理的并存，如果当面你不好意思说“NO”，轻易承诺了自己无法履行的诺言，将会带给自己更大的困扰。

因此，该拒绝时就一定要拒绝，并且一定要对事不对人，即让对方知道你拒绝的是他的请求，而不是他本身。拒绝之后，最好可以为对方指出处理其请求的其他可行办法。

安成和方宇是从小到大的好朋友。两个人的友谊已经有二十几年了。如今两人都已经参加了工作，虽然不在一个单位上班，但平时两个人还是经常带着各自的女友在一起聚聚。

有一天，安成气呼呼地来到方宇的单位，找方宇帮他一件事，为他的未婚妻报仇。方宇以为出了什么大事，急忙请假和安成走出公司。出来后，方宇向安成问清了缘由。

原来安成的未婚妻被公司的车间主任欺负了，安成非常恼怒，发誓要为未婚妻报仇，而且还买了一把锋利的弹簧刀，想要对付那个车间主任，但考虑到那个车间主任人高马大，自己一个人对付不了他，于是就想到请方宇帮忙，两个人一起对付他。

方宇听后，心中很明白，尽管那个车间主任不是好东西，确实应该教训教训他，但如果感情用事，刺伤了他，那是会犯罪的。因此，方宇决定拒绝安成，并且也决定阻止安成，不能让他一时冲动，铸成大错。

于是，他问安成：“你爱你的未婚妻吗？”

“爱，当然爱，如果不爱我才不管这事呢。”安成回答说。

“这就好，爱一个人不容易，真正爱上一个人，是不管她遇上多么大的不幸，都会永远爱她，相反，在她遇到不幸时还要帮她解脱出来。如果你这样感情用事，并不是爱她，这是在伤害她，使她更伤心。她也不会为此而感谢你，相反会恨你。坏人总是要受到惩处的，这要靠法律……”

安成听到方宇这样说非常生气，他冲方宇喊道：“我还是不是你的朋友，你怎么不帮我反而袒护那个主任，他给你什么好处了吗？你对我是不是有意见啊？”

方宇听了安成的话，走到安成的面前，真诚地说：“我拒绝和你一起去找那个车间主任不是对你有意见，我只是认为这件事不能像你说的那样做，并不是针对你个人。车间主任的行为是犯法的。这样吧，我的同事有一个做律师的好友，我帮你和你的未婚妻运用法律的手段来惩处车间主任，我相信，法律会给你们一个满意的答复的。”

安成听了方宇的一番话，打消了要报仇的想法，最终运用法律惩处了那位车间主任。而安成非常感谢这次方宇对他的帮助，两个人的友情也更加稳固了。

在上面这个例子中，方宇并没有为了朋友之情而感情用事，而是对事不对人，让安成由报仇转移到运用法律手段来解决问题，安成从道理中明白了自己的糊涂用事，最后问题也圆满地解决。方宇也由此拒绝了安成报仇的请求，假设方宇不这样做，为了朋友义气，而是满口答应帮助安成去报仇，结果肯定不堪设想。

对事不对人强调以“事“为中心，的确，解决的是问题，应该以“事”为中心。问题要解决到什么程度，什么时候解决，什么标准，谁来做，大家如何做配合等，这就是“对事”，针对事件，围绕事情本身解决问题。

那么，什么是“不对人”呢？不对人，就是不针对人。虽然事情是人做出来的，但是，人是很复杂的，带有一定的主观性，这种主观性很难说谁的想法一定是对的，或谁的想法一定就是错的。更为重要和关键的是，人的本性都是趋利避害的，人都是爱面子的，都是有情绪的，保护自己是人的第一反应，即使是用不恰当的方式。

所以，在拒绝别人的时候，拒绝者要尽可能地创造一个“对事不对人”的环境，把事情和人情分开：人是人，事是事。在这样的环境下，拒绝者不会因为人情而回避一些难以处理的事情。同时，要让被拒绝者明白，你所拒绝的一切是针对事，而不是人。如果能形成这样对事不对人的环境，被拒绝者会有更大的勇气承担拒绝者的任何决定，因为他知道这是为了更好地解决事情，而不是在难为他。这样，拒绝者也会变得很简单：在回答被拒绝者请求的时候不必过分顾忌感情，不必在意面子，而只需把注意力放在事情上。

要记住：无论你在任何时候、任何场合，对任何人、任何事，你都有权利说“NO”，因为这样你才能顾及自己的情况，而以真实的态度面对对方。

虽然在该说“NO”的时候要勇敢地说“NO”，但是一定要做到对事不对人，这才是真正有效的人际沟通。能和他人做有效的沟通，是你最有价值的资产；致力于有效的沟通，会使你的人际关系大为改观。

7

直接拒绝“冲力”太大，那就绕着弯说

在拒绝他人时，关键要态度和蔼。不要在他人刚开口要求时，就断然拒绝；不要对他人的请求迅速采取反驳的态度，或流露出不高兴的情绪，或者去藐视对方，坚持永不会妥协的态度等，这都是不妥当的方式，应该以和蔼可亲的态度诚恳应对。

如果在社交场合，你需要拒绝人时，不妨用下列方法试一试。

有意推托。如“我转告他一声倒是可以，就是怕他误会了，还是你直接同他说为好了。”“这件事由我出面恐怕不会太好吧!”。

尽量回避。“哦，是这样呀，我没看清楚”，“我没注意，也不是太清楚”。

故意拖延。“今晚还有事，以后再说吧”。

保持沉默。“嗯，让我再考虑考虑……”

另有选择。“好是好，不过我更喜欢……我想会那个更好”。

婉言回绝。“我很理解你的心情，但是这样做，对你我都没有好处，你仔细想想”。

拒绝时，千万不要伤害对方的自尊心。特别是对你有过帮助的人来拜访你，要你帮他做事。为了情面，的确是非常难以拒绝的。不过，只要你能表示出尊重对方的意愿，讲出自己的难处，相信对方也是会理解你谅解你的。

以诚恳的态度明确地说出自己不得不拒绝别人的理由，直到对方了解你是爱莫能助，这是一种最成功的拒绝方法。

迟雪是某教育局的人事科长，经常处于矛盾的包围之中，作为中层干部，上级的话她不得不听，即使是违心的事也要办；下边的事又不敢应，

一应就是一大串，可谓苦不堪言。

在她极其苦恼时，她的一位好友提醒她，面对矛盾，何不采取回避锋芒的办法，这能使自己得到解脱。好友的一番话使迟雪茅塞顿开，连叹自己以前太笨。

掌握了这一处理矛盾的秘诀，再面对一些事情，迟雪坦然多了。

有一次，局里的刘副局长让她想办法将其侄子安插到某中学去，这不符合政策，让迟雪很为难，因为一旦出现问题，承担责任的是她，而非刘副局长。这时她想起了回避锋芒、不直接拒绝的退让之法，便小试牛刀。

迟雪对刘副局长说："好，我会尽心为您办这件事的，您让您的侄子把他的毕业证、档案材料给我送过来。"

当天下午，刘副局长的侄子就来了，但送来的只有档案材料，没有毕业证，因为他虽然读完了两年学制，但学业不精，自学考试才通过了七门，根本就没有毕业证，迟雪就让他先回去等候通知。

过了几天，刘副局长又过来问这件事情，迟雪先说了他侄子的情况，随后说道："刘局长，你说话算数，您同那所学校的校长谈谈，只要他们同意接收，我这就把您侄子的人事关系给开过去。"

刘副局长从迟雪的话里显然已听出了弦外之音，只好说："那就先放放再说吧。"

迟雪对刘副局长的要求没有采取直接拒绝的方法，而是回避锋芒，既拒绝了不合理的要求，又达到了保护自身的目的。

迟雪明白，官场上的矛盾、冲突、痛苦，使大部分人都会处于战争状态。对于别人的一些要求，不能当场直接拒绝，一定要回避锋芒，委婉地回绝，这样既能使矛盾在迂回曲折中得到妥善解决，也能让自己的心灵自在、祥和，还会发现事情原本可以很简单。识时务者为俊杰，当你处于矛盾的漩涡中时，不妨暂退让一步，再伺机推脱。

避免直接拒绝别人可以对其先扬后抑，这是一种避免正面表述，而采用间接拒绝他人的方法。先用肯定的口气去赞赏别人的一些想法和要求，然后再来表达拒绝及原因，这样不会直接伤害对方的感情和积极性，而且使对方容易接受，并为自己留下一条退路。

有时对方有急事相求，而你确实又没有时间，无法帮助他时，考虑到对方的实际情况与心情，为了避免对方误会，可以首先表现出自己积极的态度，然后再表示你不能立即办好，会换个时间办理。而对方是急事，要求必须立即办好，此时他就只能另找他人了。

有时候，避免直接拒绝他人也可以用暗示法，来达到拒绝他人的目的。有些人喜欢通过说出自己困难的方法来暗示他人以投石问路，这时，你也可以采用同样的方法来表示你的拒绝，因为对于他们来说，表达出“不”最好是通过他们容易接受的办法。当然，与此同时，你可以表示出深深地同情与理解，也可以为他出个主意，表达出你对他的关心和自己的无能为力，同时为其送上自己的良好祝愿。

在拒绝别人时应该做到“六不”和“四要”，使对方了解你拒绝的苦衷和歉意，保持说话态度诚恳，语言温和。

不要立刻就拒绝：立刻拒绝会让人觉得你是一个冷漠无情的人，甚至觉得你对他有成见。

不要轻易地拒绝：有时候轻易地拒绝别人，会失去许多帮助别人和获得友谊的机会。

不要盛怒下拒绝：盛怒之下拒绝别人容易在语言上伤害别人，让人觉得你一点同情心都没有。

不要随便地拒绝：太随便地拒绝，别人会觉得你并不重视他，容易造成反感。

不要无情地拒绝：无情地拒绝就是表情冷漠，语气严峻，毫无通融的余地，会令人很难堪，甚至反目成仇。

不要傲慢地拒绝：一个盛气凌人、态度傲慢不恭的人，任谁也不会喜欢亲近他。何况他有求于你，而你以傲慢的态度拒绝，别人更是不能接受。

要婉转地拒绝：真正有不得已的苦衷时，如能委婉地说明，以婉转的态度拒绝，别人还是会感动于你的诚恳。

要有笑容的拒绝：拒绝的时候，要面带微笑，态度要庄重，让别人感受到你对他的尊重、礼貌，就算被你拒绝了，也能欣然接受。

要有出路的拒绝：拒绝的同时，如果能提供其他的方法，帮他想出另外一条出路，实际上还是帮了他的忙。

要有帮助的拒绝：也就是说你虽然拒绝了，但却在其他方面给他一些帮助，这是一种慈悲而有智能的拒绝。

同样是拒绝别人，不同的拒绝方式给人的感受是不同的，委婉的拒绝能让人接受和理解，而直接拒绝则使人恼怒和反感。所以，同样是拒绝，我们还是应该多注意些方式，多讲究些艺术。

懂点厚黑学，
别让“不好意思”成为社交的障碍

在与人交往中，没有“厚”的工夫是不行的。如果一个人因为害羞腼腆，过于在意自己的脸面，而不能忍受来自各方面的讽刺和侮辱，甚至觉得不好意思而不敢大胆地表现自己，那他必定一事所成。我们还要讲究“黑”，它应该是正当的、睿智的、有策略的处世哲学。现代人一定要懂点厚黑学，才会在社交之路上畅通无阻。

1

脸皮薄吃不着，脸皮厚吃个够

曾有一位朋友谈起这样一件事情：有一次，他到街边小摊上买一件很小的商品，综合考虑后，没有买，转身要走。结果小贩缠住他，非要他买下这件商品，刚开始，朋友也有些急，这不是强买强卖吗？他果断拒绝了小贩的要求，可是那位小贩就是缠着他，不让他离开，并且在大街上当着来往的行人的面大叫大嚷，他最后实在忍无可忍，只好花钱了事，买了小贩的东西。

他说他“脸皮薄”，在大庭广众之下，不好意思生硬地拒绝。我们有时也会遇到这种强卖的情况，但就是因为拉不下面子才给卖家可乘之机。不错，这便是我们长期受其困扰的主要原因了。

所谓“脸皮薄”就是害羞或者常常感到不好意思。人一害羞就会对周围的事物感到害怕，这种羞怯感是天生的，是人性弱点的一面。当我们不与外界发生联系的时候，这种感觉便潜伏在人性的深处，你自己或者是外人都不易感觉到。一旦我们与外部发生联系，这种感觉就会从原始状态萌芽，如果我们不能有效制止，它就会一步一步发展，最后形成怯懦。

比如说你对自己的相貌不满意，总觉得别人在看你的时候是在嘲笑你，那种早就潜伏的羞怯感就会从情感深处激起，这时你往往不愿在人多的场合露脸，不敢在大庭广众之中发表言论，不敢在众目睽睽之下惹人注意，甚至你宁愿缩在大厅的某个角落都不敢去跟异性交往，这样就演变成为阻止正常交往的心理障碍，如果这种情形出现得越多，这种心理障碍就越严重，最后自然而然就会产生一种自卑感。

俗话说：脸皮薄吃不着。害羞，有时的确很误事。为了生存我们要去工作，而脸皮薄的人往往害怕同雇主当面洽谈工作，一旦找到工作，又可能失去提拔晋升的机会。害羞的人完成工作的方式是被动的，他们对待自己的工作，不是考虑如何取得成功，而是考虑不要失败，对承担风险犹豫不决。

另外，脸皮薄也会使人在社交方面受到限制，会感到主动交友很困难，因此他们的孤独感往往很强烈。其实有很多成功的人在他们创业的初期脸皮都很薄，但随着社交的深入和业务的拓展，会慢慢把脸皮练“厚”，从而取得了事业上的成功。

海耶斯是美国俄亥俄州的著名演说家。看着他在演讲台上的滔滔不绝，意气风发，谁能想到30年前的他，还是一个内向害羞、紧张慌乱的小推销员。海耶斯回忆说：“我慢慢把‘薄’脸皮变‘厚’大概是从那次推销收银机开始的。”

当时海耶斯在一家公司做实习推销员，刚开始他没有经验，于是公司派一位老练的前辈带他来到某个地区。当他们进入一家小商店时，老板突然大叫：“我们对收银机没兴趣!”原来老板见多了推销收银机的人，还没等他们开口，就下了逐客令。而那位前辈却毫不理会，就靠在柜台上，咯咯笑了起来，仿佛他刚听到世界上最好笑的故事一样。店老板瞪着他。

这位前辈直起身子，微笑着道歉说：“我忍不住要笑。你令我想起另一家商店的老板，他也说他没兴趣，后来他成了我们最好的主顾之一。”

随后这位熟练的前辈很正经地展示他推销的货品，每一次老板打断他，并表示他对这东西没兴趣时，这位前辈就把头埋在臂弯里，咯咯笑起来，然后他会抬起头来，又说一个故事，同样是说某人在表示不感兴趣之后，最终还是买了一台新的收银机。

笑声惊动了店里的其他顾客，大家的目光都向他们投来。海耶斯当时觉得窘极了。他心里想着：“他们会以为我们是一对傻瓜，而把我们赶出去。”而那位前辈只是继续地咯咯笑，把头埋进臂弯里，再抬起头来——把店老板的每一声拒绝转变为他幽默的回想。

很奇怪的是，不一会儿，这位前辈搬进一台新的收银机，并以行家的口吻，向老板说明用法——老板居然买了！

这就是厚脸皮所取得的成功。对于别人的攻击和嘲笑，厚脸皮是最好的美容剂。面对尴尬，厚脸皮的人依然保持着笑声和幽默。有道是“伸手不打笑脸人”，受缠者很难翻脸正是厚脸皮者继续泡下去的有利条件。

要知道，大部分人都会对带着笑脸的人有一份莫名的好感。明朗的脸可以让人有安全感；阴暗的脸色，总会给人一种疑惑感、厌恶感、威吓感。因此，我们必须注意自己是否是一副阴暗的表情。可能的话，总是让自己有一副明朗的笑脸。如此下去，对方很可能被你“笑化”，从而答应你的请求。

那么，我们如何才能让自己的脸皮变厚？软磨硬泡是让自己脸皮变厚的一种方式，它是用自己的耐心和毅力使坚冰融化，从而最终感化对方，而达到办成事的目的。软磨硬泡初听起来有些死皮赖脸的味道。然而，究其实质，它与之有着根本性的不同。软磨硬泡这种厚脸皮是立足于韧性与耐心，着眼于感化对方的。

此外，要练就厚脸皮还可以笑脸相向，幽默开道，调动眼泪、苦苦哀求等，其最主要的目的是取得对方的认可、同情甚至赞赏。不过，厚脸皮也要注意对象，要注意方法，如果不分对象、不讲条件地都用同一种方式，则会落个无赖之名，求人办事更是难上加难。

2

巧妙贬低自己，给足对方“面子”

有时候我们也会谈论一些高捧他人、给人面子的方法，不过或许有人会认为那样的做法实在令人羞涩，甚至产生排斥抗拒的心理。事实上，由于时间、地点、场合的不同，我们确实不能习惯由衷地赞美别人。在这种情况下，不妨换个对象来表达，效果是同等的，甚至会远超所期望的效果。

这个诀窍就是“巧妙地贬低自己”。就像我们平时玩的跷跷板，如果一边贴地，跷跷板的另一边必定荡高。同样，在人际关系方面也是这种道理。与人交往就像玩跷跷板，你如果不能直接地把对方抬高，那么就适当地贬低一下自己，自己这一头低了，对方才能上去，这就是捧人的技巧。即使是“不善言辞”或“不善于赞美”的人，也能轻而易举地使用这种方法，达到高捧他人的目的。要知道，人们都希望自己在别人面前有尊严、有面子。适当地贬低自己，给人面子就是给人一份厚礼，我们得到的回报，要么是现成的好人缘，要么就是有朝一日你有所求时，他给回的面子。但如果你总是想着让别人面子扫地，特别是让领导面子上过不去，那么最终吃亏的肯定是自己。

张先生是一家电子科技公司的副总经理，在别人看来，他已经很有成就，博士学位和高薪令人艳羡，而且他拥有着超强的工作能力，在公司业务方面也很出众。张先生是公司的肱股之臣，这家公司刚成立之时，只有4个人，3万元的创业资金，正是张先生几个人的奋力打拼，才把公司发展为拥有600名员工、2亿元固定资产的龙头企业。不过，有一件事让张先生很不服气，公司在选举总经理时，张先生落选了，而比他资历低、能力也在他之下的李先生却成了他的顶头上司，晋级为总经理。在张先生看来，个中缘由只有一个，那就是李先生的哥哥是公司真正的老板，这种家族关系让张先生很是郁闷。

一向自傲的张先生对这位新的上司处处看不惯。有一次，某一个外商来参观公司的实验室，李总还有各部门领导都陪同左右。他们来到实验室门口，外商发现门口贴着进实验室必须换鞋的规定，于是就开始解开鞋带。而旁边的李总心想这么多人一起换鞋既麻烦又不雅观，马上说：“今天就不用换了，过后让管理员彻底擦一下地就可以了。”本来很简单的事情，直接进去参观就可以了，可谁知身后的张先生马上反驳说：“不行，这是公司的规定，谁也不能例外！”这让公司员工面面相觑，更是让李总在外商面前十分尴尬，丢尽了颜面。

应该说，李总做事也有不妥的地方，但他毕竟还是一个通情达理的人，而且在公司事务管理中善于倾听意见，得到了许多人的拥戴。不过，心高气傲的张先生并不买账，多次顶撞上司，成了领导眼中的刺头。后来，李总向老板反映这件事，开始的时候，老板还一再忍耐，说张先生为公司立下了汗马功劳，后来看到张先生实在不像话了，索性找了个机会，把他派到外地开发新市场了，从此成了不被重视的一员。

在公司里，只要你有才华、有能力，就一定能得到领导的重视，但是如果恃才傲物，不给领导留面子，甚至凭借自身优势与领导对着干，那一定会被谦虚的人才取代。要知道，我们身边到处都是有才华的人，最缺少的是既有才华又明事理的骨干。

同样的工作，同样的努力，有的人之所以能成功，就是因为他们善于站在对方的角度思考问题，善于巧妙地贬低了自己，为对方做足面子。给别人面子利人利己，它能避免无谓的麻烦和阻碍。

法国哲学家罗西法古说：“如果你要得到仇人。就表现得比你的朋友优越吧；如果你要得到朋友，就要让你的朋友表现得比你优越。”这句话真是没错。因为当我们的朋友表现得比我们优越时，他们就有了一种重要人物的感觉，但是当我们表现得比他还优越，他们就会产生一种自卑感，造成羡慕和嫉妒。

所以，我们不妨时常贬低一下自己，如此为对方留足面子。就像老于世故的人从不轻易在公开场合说别人尤其是上司的坏话，宁可高帽子一顶顶地送，既保住了别人的面子，别人也会如法炮制，给你面子，彼此心照不宣，尽兴而散。

但遗憾的是，并不是所有人都能明白这一点。在日常生活中经常遇见这样的人，他们思维敏捷，口若悬河，才华出众，可一开口说话，就让人感到很狂妄，自然而然地产生一种抵触心理，因此很难与这样的人交流下去，更别说接受他的观点和建议了。这种人多数都是因为太爱表现自己，总想让别人知道自己很有能力，处处想显示自己的优越感，从而能获得他人的敬佩和认可，结果却往往适得其反，使自己的形象在别人眼中一落千丈。

在心理交往的世界里，人与人之间理应是平等和互惠的，正所谓“投之以桃，报之以李”。那些谦让而豁达的人们才能赢得更多的朋友。相反，那些妄自尊大，高看自己，小看别人的人总会激起别人的反感，最终变得孤立无援，别人都敬而远之，甚至是“厌”而远之。

我们中每个人都希望赢得别人的好感，得到别人肯定的评价，都在不自觉地强烈维护着自己的形象和尊严。如果他的谈话对手过分地显示出高人一等的优越感，那么无形之中是对他自尊和自信的一种挑战与轻视，排斥心理、乃至敌意也就不自觉地产生了。

因此，在与人交往时，为自己争得面子的同时，别忘了给他人留些尊严和面子。我们不妨利用“贬低自己”的诀窍，来捧高对方的地位，留给对方足够的面子，达到感情投资的目标，如此，成功便离你不远。

3

必要时，一定学会夹起尾巴做人

真正懂得厚黑学的人，任何不公都不足以让他们心灰意冷，反而更能鼓舞他们，激发他们的潜能促成大事。在人生道路上，一个人难免会有受委屈的时候，而如何以柔克刚，尽显本色，则是我们应该学习的。一个人能否成大事，就看他在受到屈辱的时候能否控制自己的情绪和行为，是否肯夹起尾巴做人，忍一时的委屈。

夹起尾巴做人也就是要适时地示弱。特别是在一些特殊情况下，肯夹起尾巴做人，有意暴露自身的弱点，更不失是一种有益的处世之道。

中国古代唯一的女皇帝武则天在专权时，为了稳固自己的江山，她用严刑酷法、奖励告密等手段，实行高压统治。

一次，酷吏来俊臣诬陷狄仁杰等人有谋反行为。并趁狄仁杰不备将其逮捕入狱，然后上书武则天，来了个先斩后奏。狄仁杰突然遭到监禁，既来不及通知家人，也没有机会面见武则天，不由得焦急万分。很快到了审讯的日子，来俊臣在大堂上还没出言，狄仁杰已伏地告饶。狄仁杰不打自招，反倒使来俊臣弄不懂他葫芦里到底卖得什么药了。既然狄仁杰已经招供，来俊臣将计就计，判他个“谋反属实”，免去死罪，听候发落。

而等到退堂后，坐在一旁的判官王德寿悄悄地对狄仁杰说：“你要是再诬告几个人就可以减轻自己的罪行。”狄仁杰听后，怒气冲头：“皇天在上，我既没有干这样的事，更与别人无关，怎能再加害他人?”说完一头向大堂中央的顶柱撞去，顿时血流满面。王德寿见状，怕无法交待，赶紧将狄仁杰扶起，送到旁边的厢房休息。狄仁杰趁王德寿出去的工夫，急忙从袖中抽出手绢，蘸着身上的血，将自己的冤屈都写下来，写好后，又将棉衣撕开，把状子藏了进去。一会儿，王德寿进来了，见狄仁杰并无大碍，心也就放下来了。

狄仁杰为把棉衣送出去，就对王德寿说：“天气这么热了，劳烦您将我的这件棉衣交给我家里人，让他们将棉絮拆了洗洗，再给我送来。”王德寿答应了他的要求。狄仁杰的儿子听到父亲的要求感觉很蹊跷。他急忙将棉衣拆开，看了血书，才知道父亲遭人诬陷入狱。他几经周折，托人将状子递到武则天那里，武则天看后，不明白这是怎么回事，就派人把来俊臣叫来询问。来俊臣做贼心虚，知道走漏了风声，便找人伪造了一张狄仁杰的《谢死表》奏上，并编造了一大堆谎话，将武则天瞒了过去。

过了不久，曾被来俊臣妄杀的平章事的儿子也出来替父申冤，这引起了武则天的重视，不由想起狄仁杰一案，忙把狄仁杰召来，不解地问道："你既然有冤，为何又承认谋反呢?"狄仁杰回答说："我若不承认，可能早死于严刑酷法了。"武则天又问："那你为什么又写《谢死表》上奏呢?"狄仁杰断然否认说："我从未写过什么《谢死表》，请明察。"武则天拿出《谢死表》核对了狄仁杰的笔迹，发觉完全不同，才知道是来俊臣从中做了手脚。于是下令释放了狄仁杰。

这是一个典型的夹起尾巴做人而最终解救自己的例子。狄仁杰的做法告诉我们，有时候以"忍"为武器与对手周旋，是斗争中的良策，相反高调的反抗，会让自己连活命的机会都没有，这样做无论从哪方面都是不明智的。欲成大事者一定要记住这一点，在为人处世的时候，以此为鉴，学会耐住委屈，记住柔亦可克刚的要诀。

如果你是一位事业上的成功者，或是生活中的幸运儿，难免会遭人嫉妒。在这种情况下，我们就要学会夹起尾巴做人掩藏锋芒，将消极影响降到最低。

要使夹起尾巴做人产生积极效果，必须善于"看菜下碟"。在地位比自己低的人面前，不妨展示自己学历不高，经验不足，知识能力有所欠缺，有过种种曲折难堪的经历，表明自己实在是个平凡的人；对经济能力不如自己的人，可以适当倾诉自己的苦衷：诸如健康欠佳，子女学业不妙以及工作中诸多困难等，让对方感到"家家有本难念的经"；面对某些专业上有一技之长的人，最好说一说自己对其他领域一窍不通，袒露自己在日常生活中如何闹过笑话，受过窘等。

学着夹着尾巴做人可以是个别接触时推心置腹的交谈、幽默的自嘲，也可以是在大庭广众下，有意以己之短，衬人之长。夹着尾巴做人就必须要能忍。我们常说，忍一时风平浪静，退一步海阔天空，可是，真正能做到的又有多少人？忍，其实就是一种自我控制，也是成大事的必备素质。

就拿经商为例，忍耐肯定能给人带来机会与财运。如果好面子，不懂得忍耐之道，不知晓伸缩之理，那么，肯定一无所获。

厚黑学中的忍只是一种手段而已，胜才是最终的目的，任何人都不应该忘记这一点，而且务必做到在忍耐中等待反扑的时机，一招制敌。忍作为一种处世的学问，特别是对于许多普通人来说，是绝对不可缺少的。俗话说：心字头上一把刀，一事当前忍为高。所以，在以后的生活中，必要时，一定要学会忍耐，学会夹起尾巴做人。

当然，能忍人所不能忍，需要巨大的勇气和毅力，需要一个人拥有良好的宽容与忍让的习惯和作风。一个人要成大事，这种习惯和作风是必不可少的，唯有如此，才会在关键时刻显出英雄宽宏大量的气魄和魅力。

如果想有一番作为，一定要先掂量掂量自己，面对来自各方面的折磨与压力，有没有那样一种宠辱不惊的“定力”与“忍耐力”。因为干大事业的人要比一般人承受更多的困难、挫折，甚至是痛苦和孤独。无论遇到什么事情，哪怕是违背自己本意的事情，都得控制自己的情绪，不得有过激的言行，否则，就可能前功尽弃。

4
该装傻的时候装傻，该聪明的时候聪明

我们都知道“难得糊涂”这一名言，此句出自郑板桥的一方闲章。这一名言流传至今更是家喻户晓，并且被很多历经沧桑的人视为真理。但很多初入社会的年轻人却不能做到“难得糊涂”，他们把生活看得过于简单，往往天真地认为任何事情都有准则，世人就按照这个规定好了的准则去做，生活还是很美好的。可是，用这种天真的眼光去看社会，接触社会，

肯定会处处碰壁，处处犯错。

渐渐地，这些人开始变得愤世嫉俗，牢骚满腹。要知道“水至清则无鱼”，现实的社会如果太过纯净，不包含一点杂质，人类也不会一代代生存下去。这决定了社会必然是复杂的，很多事情不是较真就能解决的，所以做人处世都不能太“认真”，该糊涂时就糊涂，只要不涉及根本的原则问题，睁一只眼闭一只眼也不失为一条生存之道。

该糊涂时就糊涂，该聪明时也一定要聪明。我们经常听到有人说，这人读书读傻了，成书呆子了。意思就是，这人只知道读书，把人情道理、为人处世的方法都给忘了。只知道按着书本来做，于是成了死读书，读死书；越读书，越糊涂，成了读糊涂经。但也有人，给人一副死读书的糊涂样，却是读糊涂经，办聪明事。

纵观古今那些有大智慧的人，往往不在众人面前，尤其不在同行、同事或同伴面前显露才华，外表上好像很愚笨、很糊涂，其实，这既是一种至高的人生境界，又是人生之大谋略。就智慧而言，这种人像风一样自由，无牵无挂，无拘无束，俗世的一切都在身外。就糊涂而言，他们会在人前隐藏自己的智慧，表现出一副混混沌沌的样子。他们在处理细微之事上往往糊里糊涂，殊不知这正是城府很深的表现。韬光养晦，让人以为自己无能，让人忽视自己的存在，而在必要时，能够不动声色，以自己的智慧，先发制人，让别人失败了还不知是怎么回事！

所以，我们不必对什么事都机关算尽，该装傻的时候就装傻，但是在该聪明的时候也要聪明起来。有句话说“大事不糊涂”，说的正是小事装糊涂，而在关键时刻，才表现出大智大谋。

北宋太宗年间，吕端被宋太宗任命为宰相。当时引起了许多人的反对，原因是吕端虽然好学上进，但只知道傻读书，并且看起来有些糊涂。可宋太宗并不这么认为，他觉得吕端表面上只会糊糊涂涂地读书，但在办事情上却是聪明的，尤其是办大事的时候，并且他在处理政务方面有着出众的才华。所以宋太宗不顾朝堂的反对，决意任命他为宰相。

吕端虽然经历了五代末期的战乱，在人情世故、生活阅历方面积累了很多的经验，但读书人出身的他满身还是书呆子气，表面看来是个十足的糊涂宰相。

宋太宗在位期间，宣政使王继恩结党私营，在很长一段时间内朝政都由他把持着，后来宋太宗病重，王继恩害怕太子赵恒是位明主，担心他做了皇帝后会集中力量打压他们，于是勾结了参知政事李昌龄、都指挥使李继熏等人，密谋废掉太子，改立懦弱无能的楚王为太子。

宋太宗西去之前，吕端一直陪伴左右。眼见太宗快要驾崩了，太子却没在身边照顾，这必然会让王继恩等人诟病。吕端怀疑太子继位的事情可能有变，肯定有人从中搞鬼，故意不去通知太子。如此紧急之事，吕端心急如焚，但他表面上还是糊里糊涂的样子，装做什么都没发觉，私下里却让心腹去催太子尽快到皇上身边来。

所幸的是，太子及时赶来，见了父皇最后一面，也算尽孝了。谁知太宗刚过世，皇后让王继恩召吕端进宫，商量由谁继承皇位。吕端一听觉得大事不妙，明明有太子，还商量什么呢？于是他装糊涂说太宗临终前写了遗诏，来得匆忙忘了拿，劳烦王继恩陪同到书房走一趟。王继恩奉皇后之命领取遗诏，谁知一进书房便被吕端锁在了屋子里，并来了好多侍卫严加守备。锁上王继恩后，吕端直奔皇宫。

进了宫后，皇后对吕端说：“皇上去世，长子继位才合情理，现在该怎么办？”皇后意思很明显，想立长子赵元佑。吕端听完皇后的话，马上毫不犹豫地说：“先帝立太子就是为了今天，现在先帝弃天下而走了，我们怎么能做违背先帝之命的事情呢，对于事关国家前途命运的如此大事，不能有什么异议啊！”皇后听了吕端的话，也无话可说，只好让太子赵恒继承了皇位。

朝廷更替本就是多事之秋，何况还掺杂废立太子这种有关国之命运的大事。吕端事先能明察秋毫，识破阴谋，有所防范；之后又能果断决策，用奇策击破奸计，维护了大统，而且功夫老到。吕端将“读糊涂经，做聪明事”这一处世原则体现得淋漓尽致。

该装傻的时候装傻，该聪明的时候聪明，这正是大智若愚的表现。所谓愚，就是有意装傻。该装傻的时候，就不要顾忌自己的面子、学识、地位、权势，一定要将装傻进行到底。而该聪明的时候，就一定要聪明。由聪明而转糊涂，由糊涂而转聪明，则必左右逢源，不为烦恼所扰，不为人事所累，这样也必会有一个幸福、快乐、成功的人生。

无数的经验也告诉我们，在日常交往中千万不能过于“聪明”。我们听过这样一句话：聪明反被聪明误，自作聪明，无异于引火烧身。《三国》中的杨修，可谓聪明绝顶，可是他却因“聪明”过了头，锋芒太露，引起了曹操的嫉恨，最后被杀掉。

我们要知道，人和人的正常交往是平等的，如果你举止高傲，言语轻蔑，自以为高人一等，居高临下，最后只能孤立自己，招致他人的“不屑一顾”。

因此，在与朋友交往的过程中，该装傻的时候就装装傻，别人不会看不起你，反而会更喜欢和你在一起。装傻就是装糊涂，它是维护人际关系的一种的黏合剂。糊涂的核心是：外表糊涂，内心不糊涂，它本身，是一种大智慧。

懂厚黑学的人，一定善于装糊涂，善于韬光养晦。说起韬晦，人们自然会想起越王勾践“卧薪尝胆”和曹操与刘备“煮酒论英雄”的故事。所谓“韬晦”，通俗地说就是“装傻”。这种“装傻”的背后是对自我的严格控制。

5

背靠大树好乘凉，改变人生抓“贵人”

我们可能会有这样的体会，有时很想做成一件事，但因为某些原因，心有余而力不足。在自己的力量不强大时，我们不妨借助他方的力量。在他人的大树下面开辟一片新天地，这不仅仅是谋略，也是一种成功经验的智慧产物。

荀子的《劝学》中有这样一句话：“君子性非异也，善假于物也。”纵观古今，那些功成名就的人，都善于借助外物来实现自己宏伟目标。我们经常听到“攀龙附凤”一词，就是“善假于物”的最好解释。那些堪称“龙凤”的“贵人”，因地位高、声誉广，往往有着常人无法想象的巨大能量，他们在谈笑之间，便会使天摇地动；他们稍稍点头，便会使看起来非常棘手的事轻轻“摆平”。俗话说，背靠大树好乘凉。我们要想改变人生，就一定要抓住生命中的“贵人”。“贵人”其实也是平凡的人，他们也有着常人的需求，只要我们巧用心思，掌握诀窍，结交他们并非难事。有了“贵人”的护佑，我们的人生或许从此之后就大为不同。

任何一个人都想成就一番功业，但并不是每个人都能如愿以偿。制约人成功的因素有很多，例如能力的大小，环境的优劣，人脉的疏密，时机的好坏等。在能力和环境一定的条件下，机会往往是决定人成败的关键，而机会又往往是由人带来的，所以在一定情形下，认识什么人，与什么人交往就成了决定人成功与否的重要因素。在这个时候，那些有贵人相助，人脉密而深的人获得成功的机会当然就更多一些。

汉朝邓禹就是一个慧眼识贵人，并抓住贵人的聪慧之人。邓禹早年到京师游学，结识了刘秀，他一眼就看出刘秀定是一位不凡之人，于是主动与他交往，谁知二人一见如故，话语投机，感情逐渐深厚起来。

王莽地皇四年（公元23年），战乱不断，为推翻王莽政权，农民起义军打起光复汉朝的大旗，立汉室宗亲刘玄为帝。为了加大自己的力量，起义军广招贤才，他们听说邓禹才华出众，盛情邀请入幕。而眼光敏锐的邓禹早就观察出刘玄政权内部诸多的不可调和的矛盾，料定刘玄难成大事，于是每一次他都婉言谢绝。

有一次，刘玄任命刘秀为大司马，去河北安抚民众。邓禹一听到这个消息，就快马加鞭追赶刘秀，一直追到邺城才追上。刘秀看到邓禹又惊又喜，是夜二人同床而卧，彻夜畅谈，分析天下大势，彼此更是惺惺相惜。邓禹早就看出刘秀将来必定是人上人，于是他为刘秀分析当时的形势，向刘秀建议自立政权，号令群雄，他说："就目前看来，刘玄已经定都关西，但还不成局势，此时关东也不安宁。成千上万的起义军都想争得一席之地，互相征战，关东地区四分五裂。再说这个刘玄，不过是个庸碌无为之辈，自己没有什么主见，必定不成大器。在这种天下大乱、分崩离析的情况下，你即便为刘玄立下汗马功劳，也难以与当初高祖那样的事业相媲美，但是你自立政权不一样，你可以大展宏图，号召天下，我相信以你的才能一定可以平定乱世、立万世功业。"

通过邓禹对政治、军事的一番分析和推心置腹的建议，让刘秀坚定了创立帝王大业的决心。第二天，刘秀便宣布自立，并任命邓禹为将军，开始了他建立霸业的征程。在路上，充满着凶险和磨难，由于刘秀政权势单力薄，不断受到其他兵马的攻击，这让刘秀产生了退缩之心。邓禹在与他交流的过程中感受到了这种畏难情绪，却一如既往地坚信他的贵人，他安慰刘秀说："现在天下混乱不堪，百姓流离失所，惶惶不可终日，人心思治，天下人都在盼望着能有明君去拯救他们，带他们脱离苦海。而且，自古以来能够成就帝王之业的都是品行高尚的有才之士，而不是那些一时得势的人。所以，一时的失利并不能决定成败。"听了邓禹的劝导，刘秀又重新振作起来。在邓禹等能人的扶持之下，刘秀终于兴复汉室，建立了东汉王朝。而邓禹也拜相封侯，功成名就。

邓禹以他的“慧眼”识得刘秀这位贵人，与他交往并建立了深厚的感情关系，随后又尽心辅佐，帮助他打下江山，终于封侯拜相，成就了自己的一番功业。所以说，识得贵人，跟对了人，对人的一生影响重大，而一旦遇到生命中的贵人，就要想办法抓住他。

“贵人”的范围十分广泛，到了现代社会，已经不仅是指那些名门望族、权重势强的权贵之人，而是指一切对你有关键性帮助的人。例如，在你的事业发展过程中，通常是指在层级组织中职位比你高且能帮助你晋升的人。这就需要你仔细深入观察，准确地分辨出谁才是你的贵人。抓住贵人，得到贵人的相助，确实对一个人的事业大有好处。曾有人做过一项调查，凡是做到中高级以上的主管，有90%的都受过栽培；做到总经理的，也有80%遇到过贵人；而自行创业的，竟然100%都曾被不同等级、不同领域、不同身份的贵人提携与扶助过。

有句话说：“三分靠命运，七分靠打拼。”可是偏偏有些人是即使拼了全力都成功不了，究其原因，关键在于缺少贵人相助。即使没有邓禹那样的眼光识得贵人，但在现实生活中，除非你的运气差到极点，否则，你总会碰到几个贵人。抓住这些贵人，我们的事业就能更快走向成功。

当然，除了贵人的帮助，自身的素质也是必不可少的，从另一方面说，这是抓住贵人的提前。所以，我们必须要在遇到贵人、抓住贵人之前，努力提高自己。其中的道理很容易理解。一个人要想取得某种成就，必须具备一定的条件，主观方面全靠自己，而这些条件的客观方面却往往掌握在别人的手中。接受别人的支持和帮助，就像一粒优良的种子不拒绝一块适合自己生长的土壤，势必会加速一个人的成功，有时甚至决定着一个人的命运。

6

学会巧借力，抓住改变命运的瞬间

在办事的过程中，学会巧借力不失为一种提高自身形象，实现自己目标的策略和技巧。学会巧借力可以是借名人名字，如谈话中常出现一些身份高贵的人的名字，这样你在别人眼里就不同寻常；可以借名人地址，如对有地位有身份的人常去的地方，你不要觉得不好意思，借他人名誉，是提高你的身份和能力的资本；还可以借名人名言，如请社会名流为你提个词，请专家教授为你写得书作个序，请明星为你签个名等。这些做法都是帮你实现目标的捷径。

我们每个人都想得到社会认可，这是很正当的追求，对社会进步也有着积极的意义，而借助他人名誉提高自己的社会知名度，就是被社会所认可的方式之一。

巧借力有人或许会想，这合适吗？那么这个时候就看你是否能把握好一个度，所以这句话精辟的字眼就是那个巧字，适当的夸大自己和借助名人不仅不会坏事，反而会大大提高成功率。

学会巧借力就是要和名气大的、名声好的人扯上一点关系。一个有名望的人即使是平淡的一个字给你，要比一千个普通人长篇大论给予的赞辞更有威力。借用别人的名声，抬高自己，这样办起事来要容易得多。

清朝时期，要想做官，必须有硬的后台，有铁的关系，至少也得有名人的推荐信，这也是当时官场的普遍现象。而满清的军机大臣左宗棠为人十分正派，是从来不给人写推荐信的，他认为："一个人只要有本事，自然会有用武之地。"

左宗棠有个知己的儿子名叫黄兰阶，在福建候补知县多年也没候到实缺。他见别人都是通过找大官写推荐信晋升的，就想到了与父亲很要好的左宗棠。于是千里迢迢跑到京师来求左宗棠为他写推荐信给福建总督。左宗棠见了故人之子，十分客气，可是当黄兰阶表明此番前来的目的，左宗棠立即变了脸，没说几句话就将黄兰阶打发出来了。

黄兰阶又气又恨，离开左相府，就闲逛到琉璃厂看书画散心。忽然，他见到一个书画店老板正在学写左宗棠字体，十分逼真，眼珠一动，计上心来。他买了把扇子，并夸赞店主书法漂亮，请求店主在扇子上留下墨宝，以供瞻仰，店主很是高兴，于是工工整整地写下了几行字，并落了款。这黄兰阶顿时喜笑颜开，得意扬扬地回到了福州。

这天，黄兰阶收拾妥当去见总督，刚进府内，黄兰阶便手摇纸扇，径直走到总督堂上。总督见了很奇怪，问：“外面很热吗？都立秋了，老兄还拿扇子摇个不停。”

黄兰阶故意把扇子在总督面前一晃：“不瞒大帅说，外边天气并不太热，只是这柄扇是我此次进京，左宗棠大人亲送的，所以舍不得放手。”

总督吃了一惊，心想：我以为这姓黄的没有后台，所以候补几年也没任命他实缺，不想他却有这么个大后台。左宗棠可是皇上面前的红人，他若恨我，只消在皇上面前说个一句半句，我可就吃不住了。总督为了确认，要过黄兰阶扇子仔细看，确系左宗棠笔迹，一点不差。于是他将扇子还与黄兰阶，闷闷不乐地回到后堂，找到师爷商议此事，第二天就给黄兰阶挂牌任了知县。

之后，黄兰阶官运亨通，没几年就升到了四品道台。总督一次进京，见了左宗棠，讨好地说：“宗棠大人故友之子黄兰阶，如今在敝省当了道台了。”

左宗棠笑道：“是嘛！那次他来找我，我就对他说：‘只要有本事，自有识货人。’老兄就很识人才嘛！”

黄兰阶能够官拜道台，是巧借左宗棠这个大贵人的名誉，让总督这个小贵人给他升了官，实在是棋高一着的鬼点子。虽然，这种欺世盗名，瞒天过海的做法是应该遭受谴责的，清政府的官场腐败也令人惊诧而痛恨。但是单从借力的角度，巧借他人名誉，在自己脸上贴贴金，从而使自己尽快得到提拔，英雄有用武之地，却是很值得学习的。

正所谓“借得名声好办事”，在生意场上也有很多这样的例子。一些企业就巧妙地借用了当时的知名品牌把自己的名声打响，借用他们多年积累下的知名度抬高了自己。当然，抬高自己后，只有拥有足够的实力才能把自己的名声维持下去；如果只是借名而没有真正的实力，就只能抬高一时。所以，最为重要的还是要拥有足够的实力。在拥有足够的实力后，借名扬名就是迅速扩大自己知名度，扩大自己影响力的一招妙棋了。

道理就是这样，要想成大事，就该学会巧借力。为了成功，有的时候我们不能太按常理出牌，也不能脸皮太薄，而当你做到恰到好处的时候，那么成功也就离你不远了。

确实如此，想干成大事，不能太要面子，不要觉得借他人名誉丢脸，不好意思。我们只需掌握一些技巧，做一个充满智慧的人，借助他人名誉，往自己脸上贴点金，相信你更会得到别人的尊重和社会的认可。

学点心计学，别让“不好意思”成了成功的绊脚石

我们生活的世界是残酷的，人们需要戴着面具生活。在不同的场合，对待不同的人，我们要用不同的表情、不同的方式来应对。这种应对的实质就是心计。要学会面对人与人之间的相处和竞争，不要让“不好意思”成为阻碍成功的绊脚石，面对世界的纷繁复杂必须要有立身的谋略和计策。

1

学会赞扬，好口才让你左右逢源

在日常生活中，说话人人都会，只要开口。但是不管我们愿意与否，说话在我们的日常生活和人际交往中占据着重要地位。特别是在当今社会，要想实现梦想，过上梦寐以求的生活，就不得不练就自己的口才，学会赞扬他人的技巧。这个世界需要赞扬，小到生活中简单的问候，大到商界政界中复杂的交际。赞扬他人是一种语言的艺术，交流的艺术。

我们曾有过类似的体会，憧憬的东西，比如：事业成功，家庭美满，爱情甜蜜，友谊长存等会因为“不会说话”而离我们远去；梦想的事情，比如：上司赏识，同事认同，朋友互爱，家庭和谐等会因为“蜜语甜言”而轻松拥有。人们都追求完美，每个人都渴望被肯定、被重视，而恰到好处的恭维给人们提供了自信的源泉，这种强烈的“被需要”的感觉，给心灵饥饿的人们带来了幸福感。掌握恭维的技巧就找到了打开世人心灵之门的钥匙。

赞扬他人，需要技巧。虽然每个人都愿意被赞扬，但不是任何的赞扬方式都能够被接受，也并不是每句话都能准确地说到点上，成功的赞扬需要耳听四面、眼观八方，需要灵敏的洞察力，还需要见缝插针以及好口才。

每个人都有自己的优点和缺点，而赞扬别人就要善于发现别人的优点，并发出赞美，对方自然会非常开心。每个人都期待自己能够获得别人的肯定，谁会不喜欢别人的夸奖和赞美？“你很勇敢”；“我相信你能做到”，这些看似简单的赞美，其实传达出的是你对他的期待，是你对他的要求，他们一定会努力做到，因为不愿意让你的期待落空。

小刘是某公司的部门经理，工作忙碌的她没有时间料理家事，于是小刘决定，聘请一位保姆，招聘的信息一发出去就有很多人来应聘，但是小刘工作忙碌并没有时间一一面试，于是她就让面试者把她的上一任雇主的电话留下来，小刘认为，直接从上一任的雇主中能够得到更好的客观认识。

在经过仔细筛选过后，只留下了两名面试者，小刘分别给她们的前任雇主打了电话，得到了不一样的回复，第一位面试者的前任雇主说了很多她的好话，工作努力，认真谨慎等，而第二位面试者的前任雇主说的贬多于褒。前任雇主说这位保姆家务做得非常不好，经常收拾不干净，饭菜做得一般，除了人老实一些，其他方面并不突出，这也是为什么辞退她的原因，还劝说小刘不要录用她。

在大家都以为小刘会录取第一位面试者的时候，小刘却录取了后者，小刘的理由是："对于全部是优点的人我还要花时间来了解她的不足，而有缺点的人，我知道了她的缺点才能让她做得更好。"

保姆上班的第一天，小刘告诉她："我电话询问了你的上一任雇主，她说你为人踏实可靠，饭菜做得也非常可口，唯一的缺点就是对整理家务比较不在行，屋子收拾得不干净，我并没有完全相信她的话，你衣着很干净，我能够看出来你一定是把家里照顾得非常整洁的人，我相信我们会相处地非常愉快。"保姆听到小刘这样说，心里十分高兴，下定决心要努力工作，不让小刘失望。

在接下来的日子中，小刘能够清楚地感受到保姆的变化，并每天夸赞她做事认真，非常能干。结果，保姆把家里照顾得非常好，和小刘相处得也非常融洽，保姆就一直在小刘家工作，而小刘不用再分心家里的事情，事业上也非常顺利。

在保姆第一天上班的时候，小刘就夸赞她老实可靠，做一手好菜，并相信她能够把家事做得很好。小刘的目的是通过这种方式传达自己的期待和要求，而保姆知道自己在雇主心中的形象这样好之后，必然会为了维护这种形象而努力工作，这样的恭维达到了双赢的效果。

然而，夸别人的优点虽说是最安全的，但是好话不过三，说得多了也就成了陈词滥调。时间一长，被赞扬的人也就听腻了、听烦了，情绪上也会从以前的欣然接受变成敷衍了事，这样一来，你之前的恭维奉承就起不到作用了。

相反的，从对方的弱点出发，美化你的语言，在对方并不擅长的领域中去赞美反而能有意料不到的收获。

心理学家指出，每个人都渴望着别人的“评价”，渴望被人了解并获得赞美，尽管这个点可能是别人的弱点。人们都对自身有着一定的了解，对于自身的弱点也是有所发觉的，而对于追求完美，渴望实现价值的人来说，在自己不擅长的领域获得的赞美可能更加弥足珍贵。不自信的人更希望得到别人的恭维，当你把他不自信的一面重新解读之后，那么你的赞美就会成为他增强自信心的强效催化剂，被赞美的人会得到积极的力量。

2

攻心有术，把话说到对方心坎儿里

与人相处是一门大学问，而其中的门道是攻心为上。抓住了对方的心思，采取合适的策略，才能左右逢源。

何为攻心之策？就是抓住对方的心意并顺应他的心意，在适当的时候做出迎合的姿态。使用攻心话术的时候，只有让对方感觉到你是在想方设法、设身处地地为他着想，让他感觉到你是他的知音、朋友，这样他才能接受你的夸奖。陌生人的溢美之辞，人们大都是一笑置之，而朋友的褒奖却很容易上心，因为人们都相信，只有朋友才是自己人，才最真诚，自己人的赞赏才是最高的评价。

《福布斯》杂志上曾刊登过一篇说话技巧的总结性文章，文章中谈到，在与人对话交流时最重要的五个字是“我以你为荣”，最重要的四个字是

"你怎么看?",最重要的三个字是"麻烦您",最重要的两个字"谢谢",最重要的一个字是"您"。谈话中最次要的一个字就是"我"。"您"和"我"看起来只是称谓问题,虽然只有一字之差,但是给我们的心理感觉是完全不同的,事实上,在你说"我"的时候已经失去了对方,而你在说对方的时候,你已经印在了对方的记忆里。

人们最感兴趣的就是自己的事情。而那些与自己毫不相关的事情,人们大都觉得索然无味,如果你在说话中不管听者的情绪和反应如何,只是一个劲儿地提自己如何如何,必然会引起对方的反感。

和珅是谙熟攻心话术的代表人物。他善于逢迎,心计又深,深受乾隆皇帝的喜爱。和珅少时就天资聪明,过目不忘,除了满文,蒙古文、藏文也学得相当不错,和珅还精心地学习诗词歌赋,并且很早就开始精心研究乾隆的诗作文章,模仿乾隆的笔迹,认为先做好必要的准备在机会来临的时候才能一击即中。

和珅是满族人,在科举失利后,仍然可以凭借祖上的基业,直接当官。他世袭了祖上留下的一个官职,由于聪明伶俐又善于揣测人心,很快地就升到了三等侍卫,而且还能够在皇帝出巡的时候随驾伺候。这对于和珅来说是天大的好事,原以为梦想就此实现,但乾隆皇帝并未在意他,可是和珅并没有由此灰心丧气,而是耐心地等待机会。

有一次,乾隆皇帝在春游时听说朝中一个要犯越狱逃跑了,便十分生气地骂道:"老虎和犀牛从笼子里跑出来伤人,龟玉在匣子里被毁坏了,是谁的过错?"因为皇帝的怒气没有人敢上前回话,和珅见状,觉得自己表现的机会来了,就大着胆子回了一句:"主管的人不能推脱他的责任。"乾隆帝一听,十分惊讶,乾隆的话源于《论语》,而回答的人竟然也用《论语》中的话,虽然有卖弄之嫌,但是乾隆龙颜大悦,当即提拔和珅为贴身护卫。

和珅成为皇帝的贴身护卫之后,时时刻刻留意乾隆帝的一举一动,揣摩乾隆帝的一言一行。不仅如此,和珅与宫中太监的关系也异常密切,他用小恩小惠收买乾隆帝身边的太监，认为他们因为整天伴在皇帝左右，一定会有能够用得到的消息。这样和珅就更加地了解乾隆的脾性，更能揣摩皇帝的心思。日久天长，和珅练就了一套逢迎皇帝之术，没有人能够超越他。

其实，和珅能准确地揣摩出乾隆皇帝的想法，往往不用皇帝开口，他就能把事情办得非常妥当。有一回皇太后要过寿，乾隆皇帝作为孝子想要为皇太后建一座万福楼，但是建楼需要的开支十分庞大，皇太后本人生活十分节俭，不愿意为国家增加负担，就没有答应皇帝。和珅看出了皇帝的意愿，主动捐献了自己的俸禄，并号召朝中大臣共同捐献，经过多方渠道筹集了钱为皇太后盖了万福楼，这件事情办下来，乾隆皇帝更加器重和珅了。

乾隆还笃信佛教，和珅就钻研佛教并成为佛教徒，和珅与乾隆皇帝经常一起谈经论道，使得皇帝在精神上对和珅信赖有加。有了共同语言，两人的关系就更加密切了。就这样，和珅凭借自己的逢迎与固宠手段，成为了乾隆皇帝眼前的红人。

和珅能在仕途上如鱼得水，这与他的善于采用攻心战术，能够讨好乾隆是分不开的。和珅的赞美是一件“利器”，恰如其分地迎合了乾隆皇帝的心意。

生活中，善于借助这一赞美的“利器”，学会说赞美的话，让对方心里受用，往往能顺利打开局面。实际上赞美别人的同时也将自己“推销”给了别人，获得了别人的认可，理顺了人际关系。

当然，采用攻心战术还需要掌握方运，对方的任何一个优点都是你需要赞美的闪光点，用夸张的语言夸赞对方，尤其是在对方在得意的领域获得成就时；而对方的缺点，不正面的批评，要将批评化为夸赞，表扬。“夸死人不偿命”是一种赞美的程度，“不偿命”是强调“夸”的程度到了极致，如果你的夸赞可以让对方的自尊心得到极大的满足，又何乐而不为呢？你不用承担任何责任，还能适时地“推销”自己，迎合有道、夸赞有理，才是驾驭人心的良策。

3 给别人留面子，就是给自己留后路

俗语说：“树有皮，人有脸。”所谓的脸，就是面子，是一个人的自尊。“面子”是一件很重要的事，“士可杀，不可辱”就是这样一个道理，面子在有些场合甚至重于性命。如果你处处不给人留面子，别人就会对你心存怨恨，也不会顾及你的情面，暗中堵你的门路。如果你给了别人面子，那结果就会大不一样。对方觉得自己脸上有光，虚荣心得到了满足，也会如法炮制，心照不宣地给你面子。这种情形在生意场上最为常见。

也许你会说，讲究面子是虚伪的表现，但这是人性的弱点，即使是圣贤也无法超越。如果你对这个问题不够重视，就会吃亏。也许你愿意让别人占点便宜，但是你也会不愿意吃“没有面子”的亏。每一个人都有自尊心，在他们有成就时你可以不夸赞他，但是在他们犯错的情况下，也别以为他们错了，你就可以随意地数落他们。须知，在自尊和人格上每个人都是平等的，你如果不顾他们的自尊，他们也会反过来刺伤你的自尊与尊严。对于批评，每个人自尊心的敏感程度不一，因此要视不同情况、采取不同方式批评。对那些自尊心较强和敏感的人，你要尽量小心说话，对他们所犯的错误点到即止；对于那些脸皮比较厚的人，语气则可以适度加重些，如此才能使他们意识到所犯错误的严重性。

揭人隐私是最伤人自尊心的一种形式。每个人都有不为人知的隐私，在他过去的生活历程中，他也许曾犯下错误，甚至做过不光彩的事情。一个聪明的人，是不会拿别人过去的不堪之事作为威胁的，被威胁的人会因为他的污点在你手中而忍气吞声，但其实内心十分气愤，在有机会反击你的时候一定会毫不留情。如果你这样做，那你就失去了对方，失去了对方

就是断了自己的后路。

沃恩在一家杂志社工作，由于工作认真，为人真诚，慢慢地被升职为主编之一。虽然沃恩能够接到的任务都不是非常热点的事件，但是沃恩和他的团队总是能给老板带来惊喜，因而沃恩深受老板的赏识，而且沃恩还代表他所在的公司每年参加杂志评审的工作。在杂志界能受邀参加一年一度的评审工作是一项殊荣，很多人对此向往已久，但是很少有人能每年都在应邀之列，充其量连续参加一两次。

但是，沃恩却是最幸运的一个，他每年都会收到邀请函，大家对他羡慕不已。尤其是公司里几个时尚杂志的主编，他们年纪轻轻就能够成为主编，在众人的追捧夸赞中，他们也渐渐地认为自己非常有成就，觉得自己有眼光、有见识、有口才，因而比沃恩更有资格做杂志协会的评审。

沃恩非常乐意提拔这些比他年轻、思想活跃的年轻人，于是就向杂志协会提出了申请，他们接受了沃恩的申请，但提出了附加条件：沃恩仍然要作为评审参加杂志评选的工作，这让同事们惊叹不已。而在杂志评选的过程中，沃恩一如既往地夸赞每个杂志的优点，并委婉地提出需要改进的地方，而新晋的时尚主编则是抓住缺点不放手，大肆地谈论，并且滔滔不绝，把别人的杂志贬得一文不值，而他本人所做的杂志则都是优点，甚至不惜贬低别人的作品来提高自己。

在评选活动结束后，这位年轻主编就被人通知下一届评选活动将不会再邀请他作为评审。而沃恩仍然是不温不火的主编，但是每年他的作品中总会有一部或两部斩获大奖，沃恩在杂志界过得风生水起。他在年届退休时，有人问他其中的奥秘，他才微笑着告诉人们自己的“诀窍”。其实要说专业眼光，沃恩并不是特别在行，他之所以每年都会被邀请，一个重大的原因就是因为他善于给所有人“面子”，在公开的评审会议上沃恩始终坚持一个原则：多称赞、常鼓励、少批评。毕竟每一份杂志都有它的优点，而对于不足之处，沃恩就会等会议结束后在私底下找来杂志的编辑人员沟通，指出他们的缺点。

尽管杂志有名次先后，但沃恩让所有人都有面子，而那位时尚主编却因为在公开场合太不顾及别人的面子而被拒之门外，他的作品再好也不会有人青睐了。也就难怪承办该项活动的人员和编辑都尊敬沃恩、喜欢沃恩。

现下很多年轻人小有成就，就沾沾自喜，认为自己非常有能力。他们生怕没有机会表现自己，逮到机会就滔滔不绝，把别人批评得一钱不值。有的甚至不惜贬损别人来提升自己，根本就没有“给别人面子”的意识。其实这种举动是在为自己的祸端铺路。人们常说：“过头饭不可吃，过头话不可讲。”凡事要有度，做事一定要留有余地，聪明的人懂得给自己留退路，给别人留余地，在宽容别人的同时也是在为自己铺路。

不要做有伤别人面子的事情。不要当面羞辱人，不要当众揭露别人的过错，输赢场合不要太计较，要主动做面子给对方。适度地吹捧对方，要时刻为对方着想，尊重对方，不管对方是大人物还是小人，这样可以避免你的人际关系出现问题。

无论做什么事、说什么话，都要给别人和自己留下余地：就如同建筑楼群要留出绿化带；铺筑路面，每到一定的距离就要留下空地，以免路面膨胀；字画图书的“留白”是给读者留下想象的空间；做事留有余地是一种美德，也是一种智慧。不给别人留后路就是断自己的后路，而断自己的后路就是把自己逼上绝路。

4

不怕冷遇，热脸要贴冷屁股

人生在世，总有数不清的事情要做，办事就不可避免地要请人帮忙。但求人办事是门学问，脸皮薄了不行，放不下架子也不行。求人办事，不仅要有耐心，有过硬的心理素质，还要有无人能敌的厚脸皮。求人办事，最重要的就是调整好心态，不怕冷遇，热脸去贴冷屁股。

从心态来说，求人办事要调整心态，首先要放下架子。“人在矮檐下，不得不低头”，这句话有其客观合理性。初涉世事的年轻人，往往“脸皮薄”，放不下“清高”的架子，不能与环境相适应，也就难以真正迈出走向社会的第一步。当然，我们说脸皮薄了不行，绝不是要大家放弃原则和人格尊严，而是洗掉身上的迂腐与矜持，才能以柔克刚，取得成功。

从战术来说，在求人办事时，“软磨硬泡”是最有效的战术之一。以磨对拖，以软对硬，增加了照面的机会，给对方施加了压力，表明了自己的决心。长久的耐心是软磨硬泡的心理基础。耐心会转化为一种无形的力量，达到以柔克刚的效果。忍耐不是消极地等待，而是一种催促。它表现的形式是对对方的理解和对转机的期盼，更有求人者的自信和执着。只有忍耐，才能在心理上守住自己的防线，从而调动自己的全部思维，千方百计地打破僵局。忍耐的关键要沉住气，只有牺牲时间，才能争取时间，也才能达到自己的目的。

此外，求人办事还要注意不过分要面子。自尊心过强，是求人的先天性不足，往往经不起人家的冷眼和拒绝，事一不顺心，就免不了脸红气短，拂袖走人，无功而返。这实际上是一种脆弱和不成熟。所以，我们在求人做事的时候，要在保有自尊的基础上不过分地要面子，即使碰上几个钉子，只要把事情办成了，就是最大的面子。

小陈是一个刚刚毕业的大学生，毕业后海投简历，面试一个接一个，但是真正要录用他的公司却一个都没有，小陈的父母托关系让小陈进了一家外贸公司，做业务员，小陈心高气傲，十分不愿意跟客户打交道，他觉得这些客户都太庸俗，跟他这个受过高等教育的没法比，让他对他们笑脸相迎，阿谀奉承，他的“清高”不允许。

结果当然可想而知，半年下来，小陈接到的单子屈指可数，还被同事孤立，小陈心情更加低落了，百思不得其解，有同事提醒他与客户搞好关系，满足市场的需求。有同事无奈支招让他去找主管试试，可他到办公室却扑了个空，追到家也没人，还被势利的保姆“损”了几句。他顿时火起，却又“好男不跟女斗”，只得裹着满腹懊恼回到家，发誓再也不去找主管，并且要提出辞职。同事知晓后大惊：“你就为了你那点儿面子丢掉这样一份别人挤破头都找不到的工作吗?”小陈苦笑：“我要是有你一半儿的能力也不至于是这样的，看来我并不适合做这一行。”同事微微一笑：“这你可就说错了，谁刚入行的时候不是菜鸟，你得有厚脸皮，有媳妇熬成婆的精神，你别看我这几年业绩不错，那也是辛苦得来的，咱们这行死要面子就没有票子。”小陈哭着脸：“我何尝不知道这份工作不错，可是你说的不要脸面，那热脸贴人家的冷屁股，我不会呀!”同事一乐说：“在外边办事情哪有这么容易的！我找人办事儿是一求、二求、三求，不行再四求、五求、六求。事实不可谓不详尽，道理不可谓不充分。现在，我不但脸皮厚了，连头皮都变硬了!”

这一番话深深地触动了小陈。小陈整个人积极了起来，每天准点出现在主管的办公室前，周末就准时在门口等着，每当主管一开门，一定是小陈堆满笑的脸。终于有一天主管将小陈叫到了办公室，二话不说直接将公司几位重要客户的资料交给小陈，并让他去跟这几个客户的续约合同。小陈喜不自胜，追问主管原因，主管只说：“只要你能拿出对我一半的耐心，你一定会成功的。”

小陈照主管的方法，收起了自己不屑一顾的“清高”，一连签了几个大单，跟公司客户的关系也非常好，新进的同事问其秘诀，小陈只说：“不要守着面子，不要面子才有票子。”

小陈说的不要面子，其实就是脸皮要厚，在遭到冷遇的时候，不要灰心，“好事多磨”，事实上，好多事就是“磨”出来的。刀不磨不亮，人不磨难成事。当然，在磨的过程中，一定要有礼貌，既通情达理，还要能忍辱负重，从而激发对方的同情心和相助心。

同样的意思，你反复说明，反复强调，对手再顽固，也会投降的。有些被求的人，就是爱端个架子，不愿轻而易举地点头。你往他那儿跑，找他磨他，对他是一种荣耀。不要怕麻烦，怕伤自尊心，更不能半途而废，多磨一次就离成功更进一步。

不要害怕失败，小陈就是害怕失败才什么都不敢尝试，办事之前总是会想：“如果我失败了怎么办?”对于怀着百折不挠的意志的人，没有所谓失败；对于别人放弃，他却坚持，别人后退，他却前进的人，没有所谓失败；对于每次跌倒却立刻站起来，每次坠地反而像皮球那样跳得更高的人，没有所谓失败。

对待挫折的不同态度，会招致不同的结果：当你遭人拒绝时就放弃努力，你得到的只能是失败；继续尝试，下定决心去获得成功，则是避免失败的最好办法。

5 有“礼”走遍天下

《论语》曰：不学礼，无以立。这里的“礼”指的是待人之礼，为人处世之礼，是一个人做人行事的根本。

尊重他人是一种高尚的美德，是个人内在修养的外在表现，人的潜意识里都渴求别人的尊重和赞赏，但只有尊重他人才能赢得他人的尊重。这就好比照镜子一样，你的表情和态度可以从他人流露出的表情和态度中一览无遗。你若以诚待人，别人也会以诚待你。你若敌视别人，别人也会敌视你。最真挚的友情和最难解的仇恨都是由这种“反射”原理逐步形成的。

在现代社会当中，“有礼走遍天下，无礼寸步难行”已经成为一种习惯。“来而不往非礼也”，人们都讲礼尚往来，这是人之常情，在求人办事时也同样如此。有“礼”好办事，这是一个很普遍的现象。其实很多时候，对方在乎的并不是送去的财物，而是一种得到尊重和重视的感觉。

当然，送礼绝不是胡送、乱送，可以说，“送礼”是一门艺术。送给谁、送什么、怎么送，都是非常重要的，绝不能瞎送。送礼太轻，没有意义，会使别人误解你看不起人，达不到你的目的还会给人留下坏印象；礼物太贵重，又会使别人觉得你心怀不轨，特别是对上级、同事更应注意送礼要有一个尺度，选择适当的礼物，可使对方更容易接受，更容易达到求人办事的目的。因此说，“礼”不在多，关键要能够抓住对方的心。

古代有清官杨震的故事，早年杨震在担任荆州刺史时，他发现当地有个名叫王密的秀才人才难得，便举荐他做了官。王密深感杨震的知遇之恩，彻夜临摹了杨震的一幅字送给了杨震，杨震收下字之后鼓励他，继续努力，并说以他的才华，他日必成大器。

果然，不出三年，王密就担任了昌邑县的县令。这时，杨震刚好改任东莱太守，当他路过昌邑县时，王密十分热情，不但亲自赴郊外迎接这位老恩师，还精心地为杨震安排食宿，并到他下榻的驿馆去请安、叙旧。一天深夜，王密又来到杨震的驿馆，他见四下无人，便拿出了十斤黄金，毕恭毕敬地说：“恩师难得光临，特备小礼相赠，以报恩师知遇之恩。”杨震见状，连连摆手拒绝，并严肃表示：“以前是因为我了解你的才干才推举你担当重任的，而你现在这番作为，倒是不了解我了。”王密还是小声说：“反正是黑天，又无外人知道。”杨震听罢，大怒：“你送金子给我，外人怎能不知？即使外人不知，也是我知，你知，何谓不知?”王密只好灰头土脸地回府了。

回府后，王密招来府中的秀才问道：“古人说衣人之衣者，怀人之忧。但是为何恩师拒绝了我?”秀才回道：“道不同，路亦应不同。”王密的意思是，穿了别人的衣服，怀里就会装着别人的心事或隐忧。而秀才说的却是要知道王密和杨震的性格不同，送礼的方式也该不同。

王密在杨震最初举荐他为官时也送礼了，为何第一次杨震接受了，第二次却拒绝了呢？答案是王密没有掌握送礼的技巧，第一次送礼是王密只是个秀才，没钱，只好临摹字画给杨震，却正对了杨震的喜好，杨震是文官，自然是对字画感兴趣，而这幅字画又是弟子临摹自己的笔迹，满足了杨震的清高之心，所以欣然接受了；而第二次，王密送礼却犯了杨震的大忌，杨震是出名的清官，对于这种私相授受是深恶痛绝的，而王密在这时却是有钱有地位了，混迹官场多年自然是知道点送礼的门道，但是在杨震这里碰了壁。

求人送礼要掌握好度，不可莽撞，否则事情就要败在“送错礼”上，到时有苦说不出。因此求人办事，送礼要万分注意。首先，求人送礼一定不能斤斤计较，“舍不得孩子套不着狼”，送礼就要舍得花钱，如果太过计较，就达不到自己的目的，有时可能会坏了大事。求人送礼也不能突然而至，最好是逢年过节，或在对方过生日时，这样送去礼物，就名正言顺，让对方无法拒绝，自己的目的也更容易达到了。送礼还要掌握时机，在中国传统里，许多人都认为送礼应该当场、当面赠送。通常情况下，如果当众只给一群人中的某一个人赠礼，这会使受礼人有受贿与受愚弄之感，而且会使没有受礼的人有受冷落和受轻视之感。所以，送礼千万要看时机与场合。只有礼轻情义重的特殊礼品、表达特殊情感的礼品，才适宜在大庭广众面前赠送，如一份特别的纪念品等。

求人送礼，不能盲目鲁莽，一定要了解对方的兴趣，有的放矢，巧妙安排，对方易于接受礼物，办事也就十拿九稳了。一般来说，以选择重要节日、喜庆、寿诞送礼为宜，送礼人既不显得突兀虚套，受礼人也收得心安理得。将“礼”送到位了，才能获得对方的青睐，给自己的梦想多一份保障。

6
好汉专吃眼亏，舍小利才能取大得

俗语中“好汉不吃眼前亏”是说做人要识时务，避开暂时的不利处境以免吃亏。而“好汉专吃眼前亏”其实是一种可持续发展的战略，先吃亏后享福。吃亏就是福，实质就是舍小利取大利。舍小利以谋长远，关键在一个“舍”字，只有舍，才能获得。

股神巴菲特在谈到自己“滚雪球”盈利的时候，就曾经谈及在最初投资阶段的不如意，但他面对蝇头小利却不动心，舍小利以谋远，终成伟业。舍小利以谋远，懂得舍得，谋求长远利益，才是发展之道。可持续发展的提出正是提倡人们关注更长久的考虑，不因急于发展经济而难以谋远，不为未来更进一步考虑。生活中变通思考的人，善于从丧失小利益中学到大智慧，舍小利为大谋也是一种哲学思路。

但可惜的是，现实中急功近利的做法屡见不鲜。许多人在追逐眼前利益的时候往往不能预料到日后长远的行动方向，因此常常“因小失大”。人非圣贤，谁都无法抛开七情六欲，但是要成就大业，就要学会分清轻重缓急，该舍得的就忍痛割爱，该忍的就要从长计议，我国历史上刘邦项羽就是最好的例子，项羽之所以会失败就是因为他不能忍，没有长远的眼光，舍不得小利而失去了江山，而刘邦懂得舍小利谋大得，养精蓄锐，厚积薄发，最终成为一代君王。

温州商人说：“当一个社会聪明人太多的时候，赚便宜的往往是傻子。”许多温州创业者，之所以有今天的成就，就是他们在创业初期善于“以小谋大，舍小谋大”，通过舍小利，薄利多销，积累资金；通过舍小利，赢得客户，做大市场；而做大市场之后，财富就会源源不断地到来！

曾经有个温州小伙子，他要去深圳推销一种高级上光清洁剂，当时，同类名牌产品已经在深圳攻城略地，市场已经被瓜分得差不多了，这位貌不惊人的底层打工者要想在深圳站稳脚跟、出人头地，看起来就好似天方夜谭。这个小伙子没有门路也没有钱，最初他天天上门推销，可是市场竞争实在是太激烈，经常碰壁还被同行排挤。

他决定从“当一回傻子”开始。小伙儿做了很多调查，找到了很多宾馆酒店的资料，在经过深思熟虑之后，他选中了一家星级宾馆，这是一个小有名气的星级宾馆，他各处打点，见到了这家宾馆的总经理，他对宾馆的老总说，他可以免费为整个宾馆做一次保洁。老总像看傻子一样望了他半晌，但是很快就说，他们有固定的合作对象，而且对产品不了解，不需要。小伙儿一听，马上承诺，可以免费清洁一个星期，老总心里很震惊，但还是同意了。在听完他的产品介绍后，觉得这种高级的清洁剂可以试一试，决定把准备接待大型会议的60个房间和一个会议室交给他保洁，并规定2天内必须完成。结果，在一天半时间里，这位打工仔用了20盒上光清洁剂，将那些客房和会议室装饰得焕然一新，并散发出淡淡的清香。

会议顺利结束，宾馆的留言簿上忽然多了很多客人感言。原来，与会人员对宾馆的环境和清洁卫生非常满意，留言感谢。会后第三天，宾馆老总找到这个温州小伙子。老总说：“年轻人，你帮我赢得了下一项接待业务，更为我们宾馆争得了良好的服务形象，这2000元算做清洁费，剩下的货我们全包了。”说着，老总又掏出了几张名片：“这些是向我取经的宾馆同行，我已经把你推荐给了他们。”

就这样，这个年轻的打工仔，轻而易举地就敲开了深圳市场的大门，并趁势而进，如鱼得水，迅速在深圳打开了局面。一年后，这个温州小伙子成了百万富翁，完成了他初来深圳时心中的梦想。后来他凭借自己肯吃亏、宽容大度、以小谋大的经营理念迅速的发展了自己的事业，成为了最好的清洁公司之一，而他教育员工的第一课就是学会做一个“傻子”，但是“傻人”有傻福，公司的效益却是节节攀升。

这个温州小伙儿，是个非常普通的打工仔，但是他的身上透着温州人特有的精明劲儿。他的精明就在于舍小利的“傻子”精神和以小谋大的财富智慧。温州小伙儿以小谋大的关键在于一个“舍”字。舍小谋大，这不仅是一种大度，更是一种智慧。温州人不仅能“以小见大、以小搏大”，并且将“舍小谋大”的智慧用在做人、做事、做产业之中。在做人方面，温州人通过“舍小谋大”，获得客户和伙伴的信任，获得更多的机会。在做事方面，温州人“舍小谋大”提高产品质，建立了自己的品牌。

舍小利、谋大局、重视信誉和口碑，这种以小见大、舍小谋大的商业智慧在当前的形势下，更是难能可贵。正像有的成功人士说的那样，做生意，最忌目光短浅，只算小账而不算大账。世界上没有白吃亏的，有付出就有回报。如果你能够平心静气地对待吃亏，让自己的度量大一些，从长远的角度思考问题，那么你就会发现吃亏就是福，有时也是一种商业投入。时代在发展，物欲横流，必然会伴随着功利的心态，但请学会“舍小利以谋远”，宁得此时的一份释然与平衡，为今后人生蓝图插上腾飞的双翅。

7

对自己狠一点，成功是被逼出来

每个人心中都期待出人头地、事业成功，可是成功的却是少数人，大部分人还是平平淡淡。为什么财富总是青睐少数人，而与很多人无缘？其原因就是在于成功不是光靠想象就能获得的，它需要追寻者不单要有实干的精神，还要狠下心肠，步步为营。换句话说，成功都是下狠下心干出来的。

在激烈的社会竞争中，想要成功，就必须狠一点。因为无论是在生物界，还是在商场中，成功者都是“狠角色”。不狠，就不能捍卫自己的理想；不狠，就不能在竞争中脱颖而出；不狠，就会被对手吞并，消失在竞争的浪潮中。成功不易，只有真正的强者才能享受胜利的果实，而要成为强者，就要狠下心，利用好自然规律和社会规则，壮大自己的实力，站稳脚跟，然后果断出击。无数的经验告诉我们，一个人只有对自己狠一点才能成为大赢家。

做人就要狠一点，它不是刀枪实战也不是横眉怒眼，事实上，它就是对自然界规则的现学现用，抓住对手弱点毫不手软，发现机会果断出手，在环境恶劣的商场、深不可测的人际场、复杂多变的职场，利用规则保护自己打击对手，调动一切资源为己所用。

在残酷的生存竞争中，在“胜者为王，败者为寇”的市场角逐中，如果无法硬起心肠，对竞争对手一味地心慈手软，就会被对方毫不留情地吃掉，这已经被无数事实证明，而且还将被新的事实不断地证明。狠心才能成大事。

朱元璋是明朝开国皇帝，在中国政治历史上占有重要地位。然而朱元璋也是一个心狠手辣之人，他早年饥寒交迫，曾经因生活所迫而出家，尝尽世间的冷暖。这种紧迫的生活逼得朱元璋不得不为了生路而努力，而后朱元璋参加了农民起义军。

其实，朱元璋非常能够洞察贫苦人的心理，他善于交际，集结了很多能人志士，这些人为他出谋划策，使得朱元璋迅速扫平合并了其他的起义军，建立了明朝，成为开国皇帝。朱元璋在初创时期能够礼贤下士，广招英才，因而国家稳定，财力雄厚。但在国家稳定的时候，朱元璋的冷血无情很快暴露出来。

朱元璋在开国之时就期待能够效仿“家天下”，因此他将自己的孩子分封了土地和兵权，他认为这样才能保住江山，但是在分封完领地之后，朱元璋却担忧起来，他觉得自己的孩子年龄尚小，经验不足，太子又生性软弱，那些手中有兵权的将军会是很大的隐患。于是朱元璋开始了他长达20年的屠杀官员。朱元璋在和平时期前后屠杀了四万多文臣武将。

在短短的3年内，朱元璋就将当初随他一同打江山的元老一一铲除。他先是诛杀兵权大将蓝玉，这是他打江山的最大功臣，不仅如此，朱元璋下令“连坐”斩杀包括蓝玉在内的官员、平民约一万五千多人，这是堪比株连九族的酷刑。之后朱元璋又逼迫徐达吃下他所赐的蒸鹅，毒杀了文臣徐达。再逼傅友德自杀身亡，又诬陷廖永忠偷穿龙袍将他囚禁在牢狱中受尽酷刑致死，就连赋闲在家的冯胜也难逃死亡厄运，被朱元璋用圣旨召回，路上截杀。

朱元璋疯狂屠杀功臣元勋的原因起于对皇权的巩固，他希望明朝的统治能够长久，而朱元璋看到皇太子懦弱，担心他死后强臣压主，所以事先消除隐患。有一次皇太子劝说朱元璋不要杀人太多，朱元璋就把一根长满了刺的棍子丢在地上，命皇太子用手拾起来。皇太子一把抓住刺棍，扎破了手掌，连声呼痛。朱元璋说："我事先为你拔除棍上的毒刺，你难道不明白我的苦心吗?"此外朱元璋设立了锦衣卫情报机关，使特务遍布全国，监视大臣们的生活细节，以便随时肃清他想铲除的臣子。虽然之后太子并没有即位，但是朱元璋的狠辣还是为后来的"永乐盛世"做出了贡献。

历史上像朱元璋这样多疑狠辣的皇帝不在少数，他们行为虽然狠辣，但不得不承认的是他们确实集中了君主制，加强了皇权的力量。在走向成功的道路上，必须勇于决策、果敢判断、严格执行，才能打开局面，步步为营。无论对自己，还是对他人，硬起心肠才会迎来旗开得胜的一刻，唯唯诺诺的人永远没有机会。

人天生有惰性，我们时常会忘了前进的方向，总是需要鞭策才会提步向前，或者是受到人生的威胁时，才会真正逼自己一把，发掘自己的潜力，冲出困境。成功是被逼出来的，逼是压力，有了压力才有勇往直前的动力。逼是一把铁锤，把人生的钢坯打磨得加倍坚实。不时"逼"，事事"逼"，恰是这种坚定不移的意志、艰辛创业的精神成就了霍英东、李嘉诚等商业巨子的辉煌人生。

在事业上，我们都不妨多逼逼自己，因为离开了"逼"的浸染，人们甚至很难前进一步。在通往成功的路上，逼迫自己一下，也许是情势所迫，也许是廊下低头，但是这种短暂的苦难会给我们提供压力，以及奋进的动力，最终收获丰硕的果实，拥抱颠峰的荣光。

第八章

DI BA ZHANG

读懂他人心，
该抹开面子时别“不好意思”

读懂人心似乎是世界上最难的事情，不好意思似乎是我们生活中的一个常态，这二者结合起来更是让人手足无措。我们感激这个世界给我们的善意，但是如果你发现了对方的恶意，却因为面子而不好意思拒绝，那么给自己带来的只能是无穷的烦恼。我们一生中会接触到无数关于面子的问题，而得到的机会却少之又少，如何才能抓住这少之又少的机会？这就需要我们睁大双眼，看清对方的意图，当机立断，该果断抹开面子时就要果断抹开面子，抓住机会，这才是我们的成功之道。

1

不要被人卖了，还帮别人数钱

从小我们就一直被灌输着“做人要有面子”之类的思想。小时候家长告诉我们学习成绩好可以让他们脸上有光，找到好工作出人头地就能光宗耀祖，老了儿女有出息说出去会很有面子。“面子是好东西”这种观念在我们心里深深地扎了根，我们总觉得别人给了面子，对自己而言就是莫大的荣耀。可是有面子真的好吗？

要知道，别人给你面子，很多时候只不过是对你的一种吹嘘，根本不切实际。接受这样的面子，往往会给我们的生活带来许多麻烦。而且这种麻烦往往不是小麻烦，之前的给面子就像给弹簧不断蓄力，当力道饱和的时候，也是你最受伤的时候。所以，我们必须懂得对面子加以甄别。

张文和刘涛是邻居。张文在一家国有单位任职，兢兢业业，周围人都羡慕张文有个稳定的工作。但是张文也有自己的苦恼，他在单位十年了都没有变动，好多进入公司比他晚的人现在职位都比他高，他一直想找个机会升迁。刘涛听说这事非要张罗着给他“活动活动”，帮张文跳槽。

起初张文考虑自己年纪不小了，学历也不是特别高，不是很想跳槽。但是他禁不住刘涛整天说他人脉广，又说张文水平高、技术好，找个好工作肯定没问题。张文考虑了一下，办了停薪留职开始整天跟着刘涛参加各种酒会，在酒会上他见了许多公司的主管。席上刘涛不断地说张文是原单位的骨干，学历高、技术强、业务好，各个主管也跟着夸张文是个人才，不留住太可惜了。张文听了虽然觉得有点夸张，但是心里也是喜不自禁，嘴里说着“哪里哪里”，脸上却红光不断。

酒过三巡，刘涛开始提出张文跳槽的事情，主管们喝得面红耳赤，有的说回去了就组织讨论这个事，有的说张文这种人才到哪都没问题，有的说你就等着信吧。张文听了也很高兴，当然饭后也少不了买单，也没忘给刘涛买条好烟。在小区里，张文也总是夸刘涛有路子，够朋友。刘涛也一直说张文能力强，去哪都是小意思。慢慢地整个小区都知道张文要跳槽的事了。

可是过了两个星期，还是没有动静，张文有些着急，就去问刘涛。刘涛说，现在调岗不太好操作，需要点经费去“活动活动”。张文觉得都这样了，就给了刘涛一笔钱让他帮忙。又过了半个月，还是没有消息。张文急了，连连追问刘涛。刘涛却说，自己尽力了，那些钱都花了还不够，自己还垫了不少钱，张文也不好再说什么。过了一段时间，张文才知道，刘涛跟那些主管根本就不是特别熟，自己的那些活动经费也有没多少用在活动上。邻居问起来张文什么时候跳槽，他也只能说快了快了，别人说刘涛有路子的时候，张文也只能苦笑，毕竟是自己吹出去了，也不好意思再说别的了。

有句话叫“冲动是魔鬼”。张文就是这样，因为别人递来的面子而忘记了真实的自己，为了别人给的面子，给自己造成了时间上和经济上的双重损失，中间面对邻居的询问，还不断地夸奖刘涛有本事，等到最后真相大白了，也不敢声张自己被骗了，白白让刘涛落了个“有路子”的名声。

其实我们都可以轻易看出来，张文的做法并不妥当，但是我们身边却还是有许许多多的“张文”，他的故事经常发生在我们身边。明明自己只是一般水平，别人夸自己两句，就真觉得自己是精英，还要因为别人的夸奖而不得不感恩戴德，时刻想着还别人面子。追求更好的职位是人之常情，但是不顾自己的水平，被人夸两句就直接行动、不计后果，往往会给我们带来意想不到的麻烦。

我们在生活中也常常会遇到这种情况，我们会莫名其妙地得到所谓的面子。这时候我们就要注意了，同事抛过来的面子，可能背后藏着谁也不愿意的工作；上司抛过来的面子，也许就是一口黑锅；客户抛过来的面子，没准是合同里的陷阱；陌生人抛来的面子，说不准就是一场骗局。当我们看到天上掉下来的面子，欣喜之余，要好好想一想，不要被喜悦冲昏了头脑，天底下没有免费的午餐，但当免费午餐来临的时候，大家却愿意相信自己的运气，而这往往就是悲剧的开始。

那么我们怎么做才能避免这种情况发生呢？

首先，要时刻保持清醒的头脑。时时刻刻提醒自己，你没有那么大的面子，该不好意思就不好意思。理智堤坝的崩溃，往往是从一个个细小的缝隙开始，当你不好意思拒绝别人递过来的糖衣时，你的不好意思往往就会被别人操纵，最终使自己的利益受损。

其次，不轻易承诺，当你觉得不好意思，怕伤了彼此面子的时候，一般是你要做出让自己为难的承诺的时候。人一旦做出承诺，无论是从自己的内心还是外部环境来说，总希望自己能兑现，这也就给人控制你想法的机会。无论对方给你多大面子，都不要不好意思拒绝那些超出自己能力或者不应该做的事情。

最后，要守住自己的底线。底线，就是你内心所能接受的最低限度。超出底线，甚至是接近底线的时候，不妨直接拒绝，无论对方说什么，不需要再考虑面子，直接说“不”。这种做法看似生硬，但是十分有效，而且也十分应该。

面子是个好东西，它让我们心灵得到满足，但我们需要谨记，在这个世界上得到任何东西都是需要付出代价的，不要仅仅满足于一时的心理快感，而忘记对现实的判断。否则，怕是你被人卖到了新疆，你也还惦记着给人家带葡萄干。

2

偶尔暴露一下缺点，别人更容易接受

我们每天都在追求更好，我们会精心搭配服饰，我们会细心涂抹妆容，我们挑选最新款的手机，我们想买更好的房子和车子，我们注意自己的言谈举止、留心自己的动作，生怕一个小细节给自己减分，我们力图把自己塑造成一个完美的人。的确，完美会给我们带来同事的赞扬，家人的夸奖，孩子的羡慕。听到别人的艳羡，我们嘴上不说，但是会觉得脸上有光，心灵会得到极大的满足。在这样一个讲究包装的社会里，我们也常禁不住羡慕别人光鲜华丽的外表，而对自己的欠缺耿耿于怀。于是我们更加追求完美，想把一切做得更好。

殊不知，这样其实是把自己困在了自己的想象里。渐渐的，你就会跟外界隔着一道看不见的墙。而避免这堵墙出现的方法，就是偶尔露一下怯，别不好意思暴露自己的缺点，这会让你成为一个更真实的人。

有一个电视台组织了一次访谈节目，请了三位嘉宾。第一位嘉宾脸上脏兮兮的，头发上也全是油，裤子上有破洞，皮鞋上也布满灰尘。在主持人提问问题的时候也是前言不搭后语，有时候主持人问他小时候的经历，他却开始叙述自己工作的经历；主持人问他对工作的看法，他又开始抨击社会。主持人讲话的时候他还一次次打断，被问到问题的时候又很不耐烦。

第二位嘉宾上来的时候给人眼前一亮的感觉，西装笔挺，皮鞋锃亮，头发也梳得一丝不苟。他始终保持着一脸笑容，面对主持人的发问对答如流。叙述自己经历的时候妙语连珠，经常引起观众的一阵阵笑声，讲到自己辛酸的过去的时候，又一直揪住观众的心，诉说自己的创业史让观众感觉到了其中的跌宕起伏。总之从任何方面你都找不出来他一丝缺陷。

第三个嘉宾看起来没第二个人那么精明强干，他穿着整齐但透着那么一丝随意，头发梳得也不是特别整齐。回答问题的时候大部分也是对答如流，但是偶尔有点小磕绊。讲述自己故事的时候很用心，但是却没有第二个嘉宾那样带动起了整场的节奏。甚至喝水的时候还不小心把水杯碰倒了。

节目录制完以后，主持人组织全场观众进行了一次投票，看哪个嘉宾最受大家欢迎。最不受欢迎的自然是第一位嘉宾，但最受欢迎的却是第三位嘉宾。当主持人问大家为什么不选第二位的时候，大家都表示第二位表现得太好了，还是第三个给他们的感觉最舒服。

结果看似有些奇怪，表现得堪称完美的二号嘉宾竟然不是最受欢迎的，反而是带着一点瑕疵的三号选手赢得了大家的喜爱，这是为什么？其实不难理解，正是因为三号选手的不完美才使他更受欢迎。他的不完美拉近了他和观众的距离。二号嘉宾的完美就在观众和他自己之间筑起了一堵墙，把自己和观众的喜爱隔开。

太过完美，人就像是一尊塑像，一个符号，一幅标语，让人觉得生冷而不能接近。我们更喜欢的是有温度的、活生生的人，会哭会笑、会吵会闹的人，而不是一个似乎永远都不会犯错的人。跟这种人在一起，普通人会产生压力，会自惭形秽，也有人会因为这种完美而产生厌烦，发生矛盾。太过精密的机器会给人恐惧，就像《黑客帝国》里的矩阵，当对方十全十美的时候，也就不再需要我们。

人是一种社会动物，需要依靠集体生活，而人组成一个集体的基础就是相似性，正所谓“物以类聚人以群分”，更能使我们从内心里接受的，是和我们相同或者相似的人。超出自己太多，我们会觉得没有共同语言，也就没有了交流的可能性，久而久之，隔阂也就出现了。

有道是“金无足赤，人无完人”。没有一丝缺陷的人会被人本能地认为虚假，因为这世界上完美的人实在是太少了。《三国演义》中，诸葛亮可谓是第一智者，运筹帷幄，决胜千里，手中锦囊无数，胸中妙计良多。而刘备则以仁厚著称，无论是对汉献帝还是对百姓，刘备都是鞠躬尽瘁。但是鲁迅先生曾如此评价这两个人：“显刘备之长厚而似伪，状诸葛之多智而近妖。”就是因为这两个人实在太过于完美，他们从来不犯错，也就离普通人越来越远。诸葛亮的智慧让所有的武将像是泥雕木塑，他们要做的就是在适当的时候打开锦囊而已。刘备无处不在的仁厚让人觉得在他的身边会显得自己像是一个小人。试问这种人怎么有人愿意能长期与之交流？慢慢地，距离也就越拉越大，我们在地上，他们在天上。

完美固然好，但是过分追求完美就会给我们的生活和工作带来很多麻烦。过分追求完美的人会让自己有很大的压力，他们会太过留心自己的举动，注意自己的言行，会变得谨小慎微，缩手缩脚，生怕犯错误会破坏自己完美的形象。

特别是，过分追求完美的人，会把这种追求完美的心态转移到外界的人或事物上。当其他人或事让他们觉得不完美的时候，他们就会焦虑，就会生气。这样就会让别人觉得你恃才傲物，给其他人带来压力的同时，也让别人对自己有了不好的评价，增加交流成本，造成不必要的争执。

所以在平时，偶尔暴露一下自己的缺点是很有必要的，这是拉近彼此间距离的一个手段。一个人再有力量，终究还是离不开集体，我们要做的是尽量融入这个集体，让我们的学习工作生活更加有效率、更加开心。群体里是一个个普通的个人，各自有各自的缺点，各自有各自的优点，集体让每个人的优缺点互补。如果你表现得没有缺点，那么你将失去与整个群体连接的节点。

不要过于追求完美，人是一定会犯错的，我们不可能永远正确，大可不必用完美来要求自己的每一件事。我们也要时时刻刻地准备去接受别人的错误，接受别人的同时，也是别人在接受你。不要让自己活得太累，去接受，去包容，一同创造和谐。

3

坚决把捣蛋鬼拉下马

心理学上有“酒和污水”效应，说的是一桶美酒，只要加上污水，哪怕只是小小的一勺，都会变成污水；而一桶污水，无论加多少美酒，也只能是污水。一个好的团队就像是一桶美酒，但是团队里总有那么几个捣蛋鬼，他们就像酒里的污水一样，污染了整个团队，让整个团队效率低下，管理失效，作风散漫。慢慢地，整个团队的凝聚力和亲和力与执行力就会丧失殆尽。对于这种人，我们要坚决予以清除，不让害群之马耽误了整个团队。

有人觉得这只是个人的问题，对团队影响不大，其实不然。一个人的目标与团队目标有差异是非常正常的，但是这种差异不能是具有破坏性的。当一个人出现破坏团队的效应却不能及时地被制止，这种情况就会带坏整个团队的风气。管理学上有一个“烂苹果效应”，说的是一筐苹果里有一个烂苹果，如果不尽早把它拿出来，整筐苹果很快就会全部烂掉。一个团队里的烂苹果，会危及整个团队。我们要做的就是及早把它拣出来，不让它的危害扩大。决不能因为它“毕竟还是个苹果”这样的理由而不好意思解决问题。

赵经理手下有一个营销团队，有老员工老王和老李，还有新员工小钱和小柳。老王和老李算是团队里资格最老的两个成员。老王兢兢业业，工作做得一丝不苟，很少出现差错，跟客户的关系也处得非常好。老李起初也是名优秀的员工，但是最近日益懒散，上班总是迟到早退，文件也总是交得晚，客户资料也经常弄混。

赵经理找老李谈话，希望老李能改一改自己的缺点，可是老李抬出了一大堆理由，一会说老婆工作不顺心，一会说孩子上学的事一直没能解决，一会说自己的身体不太好，总之就是一直找借口。赵经理看老李是老员工，也不好说太重的话，指出了他的问题，希望他能收敛。

可是老李最近的表现越来越差，出现了旷工的情况，客户也不断流失。但是分红的时候，老李总是第一个跳出来说自己为团队做了很多工作，总想得到最多的奖励。对此老王很不满，他觉得自己工作要努力得多，但是得到的回报却比老李多不了多少。老王去向赵经理反映，赵经理却让老王多理解一下老李，体谅一下他的难处。又说你们都是老员工，要团结，不要因为这种问题就伤了和气，还说一定会督促老李改正。

起初老王也没再多说什么，但是同样的事发生了几次以后，老王的积极性越来越差，他觉得，反正干不干都是一个样，自己干嘛还这么卖力？慢慢地，老王的工作状态越来越差，业绩也不断下滑，后来干脆在外面接私活，不再为公司谋利。后来干脆也开始迟到早退，忙自己的事情。几个新员工看到这种情况，最初的朝气也渐渐没了，每天都在座位上聊天打游戏，也懒得再找客户了。

赵经理这时候着急了，迅速开除了老李，可是为时已晚，老王已经决定带着客户跳槽了，几个新人也觉得没有前途，纷纷离开了公司，把一个烂摊子留给了赵经理。就这样，过去优秀的团队再也找不回来了。

这样的例子其实并不少见，其实我们每天都在和这些“捣蛋鬼”相处。也许他们杀伤力没那么大，但是特征是一样的。

一个团队里的“捣蛋鬼”会有这么几个特点：首先，他们在团队里处于中间位置，既不是最优秀的，也不是最差的，这让他们有动机，同时也有能力给团队造成不利影响；第二，他们犯的错起初都是很轻微的，这其实是一种试探，这种行为可能最初对团队毫无伤害，但是如果任由事态发展，后果将不堪设想；第三，他们在公司里有一定的话语权，有自己的圈子，有自己的支持者，这使他们有一定的基础动摇团队的和谐；第四，在被指出之后，他们往往有无数个理由为自己辩解，从来不想办法解决。管，可能会让人觉得管理者不近人情；不管，可能会让人觉得管理者心慈手软。他们就是利用这种左右逢源的位置来观察动向。

对付这种害群之马，决不能心慈手软。也许他们有很多的理由、各种各样的借口，但是犯错就是犯错，我们可以理解，决不能姑息。他们的借口都是在维护自己的利益，当你容忍他的时候，其实是对其他人的不公平。我们不能只看到眼前人的苦衷，也时刻要想着这是一个团队，一个团队就要有团队的利益，这种利益是不能被个人利益凌驾其上的。

当发现了这种“捣蛋鬼”的时候，不能因为他有资历、有贡献就不好意思采取行动。一时的心软只会让你将来在面对其他成员的时候更加“不好意思”。你的不好意思只能让“捣蛋鬼”觉得你软弱，从而更加有恃无恐，同时对其他人也是一种负向的刺激，滋长其他人的不良情绪。这同时也是对纪律的一种亵渎，让人觉得纪律就是一纸空文，完全无力约束人们的行为。当纪律不再有权威的时候，就是群魔乱舞之日。

对付捣蛋鬼，在具体的实践中，不妨试试以下几种方法：

拒绝法：这种方法适用于“捣蛋鬼”还没进入团队之前，或者进入团队之初。可以先分配给他一些短期的工作，仔细观察，看其有没有偷奸耍滑的行为，如果有，坚决拒绝他进入团队。

隔离法：如果团队暂时还需要这种人，不妨予以隔离，譬如另外租一间办公室，既让他觉得受到重视，又让其他员工不受他的影响。等他完成手头的工作以后，再行处理。

沟通法：也许最初这些人确实有难处，但是如果放任，他们就会尝到用这些难处当挡箭牌的甜头，开始一而再、再而三地犯错。我们应当及时与他们沟通，让他们在工作的时候没有后顾之忧。短期可能会多花费一些时间和精力，但是长期来看一定是合算的。

如果“捣蛋鬼”屡教不改，我们必须采取雷霆手段，迅速解决，坚决不能让一个烂苹果毁掉整个团队。坚决不能因为不好意思而畏畏缩缩，不敢行动，这不但是对自己的不负责，也是对团队其他人的伤害。因为一时的“不好意思”而毁掉整个团队，那可就是捡了芝麻丢了西瓜。

4

宁可得罪十个君子，也别得罪一个小人

在工作和生活中，我们会碰到各种各样的人，有君子也有小人。对待这两种人需要用不同的方式。为什么这么说？有道是：“君子喻于义，小人喻于利。”这句话的意思是君子和小人对待事物的态度是不同的，君子会把正义放在最先，只问是非，不管立场。他们会先考虑社会的准则、自

身的底线、周围的环境，他们愿意让周围的人得到共赢，最终得到一个和谐的结果。

小人优先考虑的则是利益，只问立场，不顾是非。他们不会在乎别人怎么想，不会在乎什么是对的，只要对他有利，他就会欣然前往。当你成为他的绊脚石的时候，他会毫不留情地把你踢开。

所谓“君子坦荡荡，小人常戚戚”，君子会直接地表达自己的不满，他们觉得对就是对，错就是错。而小人不管听到什么样的话，无论他心里怎么想，脸上始终会戴着面具，让你觉得很舒服，其实面具之下的表情可谓精彩万分。君子有君子的胸襟和情怀，得罪了君子，他也不会记仇，顶多一笑置之，最坏也不过不相往来；而小人有小人的算盘，得罪了小人，无论多小的亏，他也一定会锱铢必较，而且还会加上无尽的利息。

小李是科室里出了名的心直口快，有事他从来不藏着掖着，都愿意直接跟人说，他为人热情爽朗，办事公道，大家也都挺喜欢他。

最近兄弟单位来了个工作组，跟科室里合作一个项目，小李被委派跟着工作组协助工作，主要负责两个单位的协调工作。工作组有两个主要负责人——王教授和赵组长。王教授是一名资深的专家，在业内很有名气，但是为人比较严肃，整天板着脸，看起来不太容易接近；而赵组长看来整天笑眯眯的，比较和气。

一次工作会议上，王教授提出了新的工作计划，按照这个计划，项目的质量会有很大提高，而小李觉得这样会拖慢整个项目的进度，两人公说公有理，婆说婆有理，就这样在会议上两个人就这个计划争执了起来，闹得很不愉快。会后两个人一起去找了领导，领导看完计划以后，决定还是应该按照进度的要求，不能耽误日期。第二次工作会上，小李把这个问题跟大家说明了一下，强调了工程进度的重要性，而王教授没什么表情，似乎这事跟他没关系。

之后的工作中，小李发现兄弟单位有些职工在财务问题上处理得不太好，一次工作总结会上，小李提出这个问题，希望赵组长能注意一下。赵组长很热情，表示这是他的失职，他一定会督促工作组进行整改，小李看赵组长这么积极，心里也很高兴，觉得还是赵组长通情达理。

项目做完了，两个单位交换了工作意见，领导把小李叫进办公室，说兄弟单位觉得小李做事方式方法有问题，在处理问题的方式上需要改进。小李觉得很奇怪，认为自己做得挺好，但是却受到了批评。小李觉得一定是王教授对他不满意，毕竟他在会上否决了王教授的建议折了他的面子。他偷偷给兄弟单位的熟人打了个电话，得到的事实却让小李大吃一惊，其实是赵组长觉得他在会上批评了他的属下，他的脸上挂不住。

小李觉得很委屈，也觉得很奇怪，他只是在会上正常地提出了意见，赵组长也表现得很热情，为什么结果会是这样?

小李的经历其实是非常典型的，在日常生活中我们要仔细观察，辨别哪些是君子，哪些是小人。得罪了君子还好，他们会堂堂正正地跟你争辩，光明正大地和你对抗，而且一般我们也很难得罪一位君子，因为君子会时常反省自己、改正自己。若得罪了小人，他会永远记得你欠他的，他们会想尽一切办法，让你知道得罪他们的后果。

所以，在生活中，我们要尽量远离小人。哪些人可能成为小人呢？以下几种人，我们不要轻易去招惹，他们很可能就是你身边的一颗颗定时炸弹：

爱奉承的人。这种人往往没有什么真才实学，靠的一般是自己的三寸不烂之舌，来给自己谋求利益。如果这种人发现你的才能可能会超过他，他就会有危机感，自然会对你采取行动。而且行动的方式往往是利用自己的奉承来借助高位者打击你。

爱吹捧自己的人。这种人虚荣心往往十分强，喜欢靠虚假的经历来让自己显得很有能力，这种人容不得别人比他好，更不允许有人敢否决他，因为谎言是非常容易被戳破的。

嫉妒心强的人。也许这种人很有能力，但是他们眼里揉不得一点沙子，任何可能超过他的人对他来说都是威胁。当我们看到有的人见到别人取得成就就会不开心的时候，最好敬而远之。

不孝的人。不论他怎么工作认真努力，有上进心，但是他对待自己的父母、家人却很恶劣，必定是小人无疑。试想，如果一个人连自己的至亲都不关心，那么他平时的热情一定不那么单纯，这种人必须远离。

喜欢拉帮结伙的人。这种人只认圈子，不问是非，如果你选择与他们的圈子相隔，拒绝和他们为伍，他们就会敌对于你。你的正常举动，都会被认为是对他们的敌对，他们自然也就会为了圈子的利益而想尽办法除掉你。

5

以其人之道，还治其人之身

中国有句古话，叫“以其人之道，还治其人之身”，意思是用对方的办法或是手段来打倒对方。这句话流传很广，也很好理解，可是真正去实施的人少之又少。

一般来说，我们在被攻击之后，常常想用其他的方式来予以还击。这样还击的效果其实不是最好的。最好的方法是“以其人之道，还治其人之身”。这样做的意义在于，对方可以从中体会到你的感受，进而反思自己的作为。如果你总是逆来顺受，对方认为理所应当，这无异于在彼此间埋下了炸弹，不利于双方长期融洽相处。

首先，对方处心积虑地想出一个法子来对付你，那么这个方法必定是他深思熟虑才得出来的，是一个十分成熟的方法，顺着对方的思路进行还击，既省去了你构想思路的时间与精力，又让对方产生了挫败感。

其次，对方用某种方式攻击你，就说明他很在意这方面的东西，这时候你把这种东西原样奉还，一定能攻击他的痛处。拿金钱攻击你的人一定会在意别人拿金钱攻击自己；攻击对方人格的人一定惧怕别人攻击他的人格。

最后，用同种方式回击会使对方印象更深刻。这在心理学研究中被称为“同等返回”行为。根据心理学的相关理论分析可知，过去的经验在脑海里留下了深刻的印痕，在以后类似的情景或有必要的情景中，旧经验“复活”了，也就会让人留下更深的印象。

善于运用这种方法，不但能摆脱很多尴尬的境况，而且能帮助自己顺利达成目的。

晏子出使楚国。楚人知道晏子身材矮小，在大门的旁边开一个小洞请晏子进去。晏子不进去，说：“出使到狗国的人从狗洞进去，今天我出使到楚国来，不应该从这个洞进去。”迎接宾客的人瞠目结舌，无言以对，只能带晏子改从大门进去。

晏子进了宫，拜见楚王。楚王说：“齐国没有人了吗？怎么连你都能做使臣了。”晏子严肃地回答说：“齐国的都城临淄有七千五百户人家，人们一起张开袖子，就能挡住太阳；一起挥洒汗水，就会汇成大雨；街上行人肩膀靠着肩膀，脚尖碰脚后跟，怎么能说没有人呢?”楚王说：“既然这样，那么为什么就打发你来呢?”晏子回答说：“齐国派遣使臣，要根据不同的对象，贤能的人被派遣出使到贤能的国王那里去，不成器的人被派遣出使到不成器的国王那里去。我晏婴是最不成器的人，所以只好出使到楚国来了。”

楚王接连败下阵来，心中不服，便对侍臣说；“晏婴算是齐国能言善辩的人，我想羞辱他，你们说用什么办法好呢?”侍臣回答说：“他来了以后，我们就押着一个人，从大王面前走过。大王您就问：‘这是什么人啊?’我们就回答说：‘是齐国人。’大王又问：‘他犯了什么罪?’我们就回答说：‘犯了偷窃的罪。’这样您就能侮辱他了”

晏子到了楚国，楚王宴请晏子喝酒。酒过三巡，菜过五味，大家喝得正高兴，两个差役绑着一个人从楚王面前走过。楚王说：“绑着的这是什么人啊?”差役回答说：“是齐国人，犯了偷窃罪。”楚王瞟着晏子不怀好意地说："齐国人都善于偷窃吗？"晏子离开座位，回答说："我听说有这么一回事，橘子长在淮河以南结出的果实就是橘，长在淮河以北就是酸枳，橘和枳只是叶子的形状相似，果实味道却完全不同。这是什么原因呢？是水土不同。现在百姓生活在齐国不偷盗，来到楚国就偷盗，难道楚国的水土会使人民善盗吗？"楚王笑着说："圣人不是能同他开玩笑的，我反而是自讨没趣了。"

这就是我们耳熟能详的"晏子使楚"的故事。故事里，晏子没有从别的角度还击楚国的侮辱，而是选择了直来直去的方式，使楚国从侍从到楚王都无言以对。晏子就是巧妙地运用了"以其人之道还治其人之身"的方法，既能快速应对，没有因为迟疑而丢了齐国的面子，又让对方蓄谋已久却吃了亏，从而印象深刻，再也不敢招惹晏子。

牙齿碰了舌头，疼的是舌头，如果舌头选择去碰牙齿的话，疼的还是舌头。舌头如果不想办法让牙齿一样感到疼，那么舌头终究是被欺负的命。我们做事情也一样，有时候如果不让对方长长教训，让对方知道疼，他是不会收敛的。

在生活中，该放下矜持的时候我们就放下矜持，直接用对手的方式还击对手，让他知难而退。一时的不好意思，不选择最有力量的方法，最终吃亏的还是自己。我们为什么要牺牲自己的利益，仅仅为了那一点面子？所以，该出手时就出手，静如处子，动如脱兔，出击时犹如狮子搏兔，务求一击必胜，这样才能让敌人不敢再犯。

6

别因为对方示弱，就放松你的警惕心

我们在生活中往往愿为人先，不甘落后，我们觉得只有超过别人才是赢家。为此我们不肯丢掉任何一点分数，时时处处想着如何强过别人。总觉得，语言上、行动上都要占上风，我们才算是有足够的面子。其实不然，示弱有时候也是一种强大的力量。

示弱并不意味着不争，这是一种人生的境界。懂得示弱的人往往是能屈能伸的人。古代就有韩信甘受胯下之辱，越王勾践委身为仆。他们忍住了一时，赢得了一生。这种人在面对周围的环境时往往选择隐忍，而懂得隐忍的人是可怕的。他们从弱者的角度观察，会让自己更加理智、更加清醒，也使自己有了危机感，就会得到更多的机会。

示弱不一定意味着隐藏敌意，也有可能是真的示好。对于真正的示好我们应该愉快接受，并且给予回报。诗经有云：“投我以木瓜，报之以琼瑶。”但是防人之心不可无，我们并不能看透人心所想。所以，如果在工作和生活中，你发现对方向你示弱，先不要窃喜，这可能是对方另有所图。我们要时刻保持警惕，不要让一时的快感麻痹了自己。

对方有意的示弱，也许是为了助长你的骄傲，也许是为了降低你的防范心理。也许是他察觉到了将有灾祸来临，把你推到风口浪尖承担风险，原因林林总总，不一而足。面对示弱，我们应该加倍地小心，而不是笑纳。千万不能觉得“伸手不打笑脸人”，而不好意思发难。

小潘和小吴都是科室里的老员工，学历资历都差不多，大家对他们的评价也都还不错。孙处长快到离退的年龄了，需要选拔一名年轻干部，大家都说能坐这个位子的除了小潘、小吴外，不可能有第三人了。小潘和小吴也暗暗较起劲来。

由于他俩年纪相当，工作成绩也差不多，大家也不敢说到底谁才能得到这个职位，领导也没有表态，所以支持谁的都有。小潘和小吴之间的竞争也越来越激烈了，两人每天都花大量的时间在自己的业务上，经常加班到很晚，对待同事们也都更加热情。

不仅如此，他们两个在工作上的争执也越来越多，无论是在平时还是在会议上，两个人总是各自提出自己的方案，争论不休。对什么事发表议论时也往往是针锋相对，谁也不肯吃亏，总想着把对方驳倒。时间长了，大家也不知道该支持谁了。

但是，渐渐地，大家发现小潘似乎开始落了下风，平时争论时的意气少了很多，语气也不那么强烈了。工作上有了分歧，他也往往先说自己的不是。小吴觉得这是小潘服软的表现，觉得很高兴，认为这次的竞争他是胜券在握了。他觉得自己应该抓住这个机会，一次性压过小潘，不让他再有翻身的机会。

于是小吴在工作上越来越强势，小潘越是退让，小吴的攻势越是凌厉。小吴还听说，小潘在和下属喝酒的时候透露他觉得自己没希望了，肯定竞争不过小吴。小吴听了窃喜，就把小潘约出来喝酒，喝了两杯以后，小潘的话就开始止不住了，一会说自己的妻子不支持自己的工作，一会说自己的学历还是差那么一点，没法比，一会说领导不喜欢他这样的性格。小吴听了心里有底了，一边安慰小吴，一边开始盘算自己升职以后的日子。

后来小潘干脆直接叫小吴“吴处”了，小吴客气了两句，其实心里早就接受了这个称呼。平时在单位，小吴也越来越以领导自居，喜欢对同事指手划脚，语言上也不那么客气了。

人事任命下来以后，小吴大吃一惊，自己竟然落选了。

后来小潘跟家人道明了自己升职的原因：其实他早打听好了，领导不喜欢太强势的人，领导更看重谦虚稳重的人才。他故意示弱，就是为了让小吴骄傲，这样领导也不喜欢他，同事肯定也看不惯他的做派，他不下去谁下去！

一般来说，人们心中对忠厚更有好感，而对强势有厌烦的感觉。恰当的示弱会给人舒服的感觉，让人容易亲近。人们通常认为，肯吃亏的人容易相处，步步紧逼、不给人留余地，这种方式其实不符合千百年来中国人信奉的“中庸之道”。小潘就是利用了这一点，巧妙地示弱，口头上吃足了亏，自己却偷偷地收获了果实。看似吃了小亏实则赢得了更大的圆满。

温水青蛙的实验想必大家都耳熟能详了，面对油锅，青蛙会奋力跃出困境，而面对温水，青蛙只能坐以待毙。人又何尝不是这样一只青蛙？对方如果强势，你一定会有提防之心，时刻保持着警惕。而对方的示弱，就像一锅温水，让你在乐在其中，当你醒悟过来的时候，温水已经变成了滚水，而你却再也跳不出去了。

人人都有好胜心，当别人成全你的好胜心的时候，不要顺势而上，试图将对方批驳得体无完肤，这样做是非常愚蠢的，非但对自己没有益处，得不到认可，终有一天会自尝恶果，被对方攻击回来。我们要顺着对方的思路，想想他为什么要送面子过来，如此，给对方留有余地的同时也给自己留了回转空间。

面对对方的示弱，适当的谦卑、适当的客气，是一种成熟的标志。正所谓“你敬我一尺，我还你一丈”，想要事事处处占据上风，是一种贪婪的表现，人是很容易被自己的欲望控制的。对方的示弱，也许正是自身欲望最好的养料，它看起来很甜美，杀伤力却很大。

海啸来临之前，总会有一段退潮期，这个时候，海滩上布满了鱼虾，如果贸然跑过去捡，等待你的只有被海浪吞噬。我们不能只看到海浪退去就认为是大海畏惧了自己，要始终保持一颗清醒的头脑，面对对方的示好，我们要多想一个“为什么”，为什么他要对我这样，我值得他这么做吗？这不是自惭形秽，只是让我们在这个充满竞争的社会里多一份机警，让自己在充满风雨的社会中屹立不摇。

7

面对突然升温的友情，要冷静

相信很多人都有过这样的经历，一个很长时间不联系的朋友，突然打电话过来，或者是在 QQ 上主动跟你说话，寒暄几句过后，不外乎就那么几句话，“我要结婚了，到时候一定来啊”、“我最近做保险了，你要不要来一份”、“你在×××有熟人没”……这些问题总会给我们带来这样那样的损失，也许是金钱，也许是人情。

面对这种热情，我们往往哭笑不得：说对方势利，但是人家确实想起你来了；说对方珍惜友情，但是他们最后提出的要求总是让人觉得很别扭。现在有些人，接到这样的电话或者信息，总是禁不住心里一颤，不知道是该高兴还是害怕。

友情不像亲情，靠血缘关系维系，也不像爱情一样是很强烈的，具有排他性的情感。友情是一种相对松散的感情，变化性很强，流动性很高。亲情和爱情可以历经时间的考验而不褪色，这点无数的文学影视和现实都已经验证，但是友情，似乎就不是那么结实了。

并不是说这种友情一定会带来不好的结果，我们需要体会这个世界对我们的善意。但是俗话说“事出反常必有因”，“无事献殷勤，非奸即盗”。我们在体会这个世界善意的同时，也要提防人心险恶。

所以，虽然突然升温的友情也许是好东西，但是我们还是要冷静面对。要知道，一个处心积虑算计你的朋友，要比你的敌人可怕得多，能造成的伤害也会大得多。

张放和方舟曾经是大学同窗，两人既是一个班的同学，又是一个宿舍的舍友，是无话不谈的好友。他们曾经开玩笑地说，将来谁要是有发达的机会，一定要带上另一个人一起飞黄腾达。虽是一句玩笑，可也看得出他们的友情。

毕业之后，两人天南海北，各自为了自己的前程奋斗着，联系在不知不觉中也就断了，尤其是这两年，电话都不怎么打了。张放心里有些遗憾，但是也知道这事不能强求。

可是有一天，方舟突然打电话过来，在电话里跟方舟聊了好久。之后，方舟的电话也越来越勤，张放觉得过去的日子回来了。又过了两个星期，方舟说他决定去张放所在的城市发展，张放因为能见到老朋友觉得很高兴。

就这样，几个月过去了，张放和方舟仿佛又回到了大学时代。两人经常通话，时不时地也一起出来吃个饭。一次饭桌上，方舟说起上学时代的那句“苟富贵，勿相忘”，两人感慨万千，不停干杯。喝到兴头上，方舟说自己有个门路，想开个公司，他没有忘记张放，想带他一起发财。张放很感动，觉得这个朋友没白交，这么长时间了还记得过去的事。

第二天张放就取出了所有积蓄，决定跟方舟一起干。方舟看起来也很上心，租办公室、雇员工都亲力亲为。张放中间去方舟租的办公室看了看，觉得不错，员工们看来也很勤奋的样子。过了一个月，方舟就给了张放三千元的分红，张放越来越放心了。

又过了一个月，方舟突然来找张放，说公司接了个大活，急需资金周转，他手里没那么多钱。又说如果过了这一关公司就能上个新台阶了。张放觉得这公司是他俩的梦想，也是他俩友情的见证，必须挺过这一关。他不顾家人的反对，把房子抵押了出去，把钱交给了方舟。别人说这样不牢靠，风险太大。张放却说，之前公司已经挣钱了，怎么可能不行，再说这么多年的朋友，不可能有问题。

方舟拿了钱，很长时间不见踪影，开始还有电话，到后来根本找不到人了。张放心虚了，去办公室找张放，去了一问才知道，这根本不是他的公司，上次来参观的时候是方舟花钱让人假装的。张放一听心都凉了，赶紧报了警。最后钱追回了一部分，可是张放却一直消沉了下去，每每他想起这事，就会一声叹息。

友情这种东西，是一种时间的累积，它不像亲情一样有血缘关系打底，可以细水长流；也不想爱情那样轰轰烈烈。时间长了，才能知道一个人是不是真朋友，正所谓“路遥知马力，日久见人心”。突然降临的友情像是一种恩赐，对方有可能真的突然被你感动，但是这种情况少之又少。我们心里不能整天认为自己有那么大的魅力，可以感动所有的人。

面对这种友情，我们应该保持一颗冷静的心，用自己的头脑去分析。千万不可因为这种热情，觉得自己得了莫大的面子而感到无比的荣耀，你可能感觉自己很重要，很受别人关注。其实当你的内心进入了虚荣模式的时候，理智就远离了你，当别人提出要求的时候，你也不好意思驳对方的面子，你会觉得毕竟对方很看得起自己，自己也得对得住这份热情。这往往就是被人牵着走的开始。

那么如何看出对方有没有什么企图呢？首先你要对自己有所了解，看自己身上有什么可能对别人很重要的，比如说金钱、智慧或者人脉。正所谓“穷在闹市无人问，富在深山有远亲”，只有你有价值别人才会来找你。

另一点很重要的就是，我们需要对自己可能被人利用的地方有一定的认识，自己是不是爱冲动、爱面子，或者说特别在乎家人？这些地方很可能是自己的软肋，这些正是对方非常好的切入点。自己把门窗关好，蚊虫才不会进来。

但是即使这样，还是免不了被人送上这种“天降”的友情。面对这样的情况，我们应当做到以下几点：

首先，静观其变。所有人都会先客套几句，这是人之常情，重点往往在后面。我们不妨先和对方多寒暄几句，毕竟这是一种感情，但是不要主动去问对方有什么事，一来这样容易陷入被动；二来长时间冷场对方会觉得尴尬，这是你观察的好机会。

其次，冷静对待。我们不能拒绝对方的好意，但是我们也不能承受对方的恶意。不主动是为了保留自己的主动权，不拒绝是为了不得罪人。哪怕你看出对方有所图，也还是要笑脸相待，毕竟他的企图还没有成功。

最后，礼尚往来。不要单纯接受对方的好意，你也需要表达自己的好意。对方给你礼物，你也需要回礼；对方请客，自己也要时常买单。让友情不为世俗所连累，让自己活得更单纯。

友情虽好，但是需要小火慢炖，不能一蹴而就，只有一针一线编织的友情才能禁得住风吹雨打。当我们看到突然升温的友情，要好好想想，发现不对及时抽身而退。否则这热火般的友情，可能会变成一捆炸药，毁掉的平静的生活。

第九章

DI JIU ZHANG

活学妙用“不好意思”，在应酬中游刃有余

应酬是我们每个人在交往过程中不得不参与的一项重要活动。在应酬当中，我们可以得到想要了解的信息、达到想要的目的。应酬场合是我们迈向成功的重要转折点。要想在应酬当中如鱼得水，不得不注意的就是应酬策略。采用正确的方法是我们成功的催化剂。在这些策略中，如果能够很好地利用“不好意思”，就能够在应酬中游刃有余。

1

不善于应酬，怎能平步青云

在今天，“应酬”越来越多地被人们所认可和接受，并且广泛应用到工作当中。应酬也已经不再仅仅是一个简单的名词，它被赋予更深刻的内涵，包括处事技巧、方法，还包括沟通的技巧、言语、动作，甚至一个眼神。它不再是人们思维定式中的逢迎拍马、阿谀奉承、趋炎附势，也不是毫无原则的迁就、忍让，它更确切的意义是指因人、因地、因时的把握对方的心理状态，了解对方想法和动因，并且使自己在短时间内适应所接触的人，在他人不知不觉当中掌握社交主动权，使社交活动或者事情向着有利自己的一方发展。

学会应酬，掌握必要的交际技巧和处事技巧，甚至有时候主动“承认”一些并不是你犯的错误，给别人台阶下，一方面会使你的人际关系更加和谐，另一方面也会使你的事业平步青云。当然，在主动“承认”一些并不是你犯的错误时，我们没必要感觉到“不好意思”，正是因为你的技巧，才使事情圆满解决。

有一个著名的公司里每年都会招一批新职员，这是为了保持员工队伍年轻化，使他们充满激情，每年新员工入职的时候，总裁也都会在百忙之中抽时间与新员工见个面。

总裁正拿着新员工名单与新员工一一对应。

“黄祎（wěi）”

全场一片寂静，没有一个人应答。总裁只好又念了一遍。正在纳闷怎么无人应答的时候，一个新员工站了起来，怯生生地说：“我是黄祎（yī），不叫黄祎（wěi）。原来也总有人把我的名字念错。”人群中发出了阵阵低低的笑声。总裁的脸色有些不自然，觉得十分尴尬。

正在这时候，一个精干的小伙子站了起来，说道。“报告总裁，我是打字员，是我把字打错了，非常不好意思，请您原谅我，我下次一定会注意的。”

“工作不能马虎，下次一定注意。”总裁挥了挥手，继续念了下去，刚才的尴尬气氛顿时消解了不少，这个小风波也很快被大家遗忘掉。就在这件事发生不久之后，公司内部传出消息，那个小文员即将被升为公关部经理。

其实，小文员被升为公关部经理也是在预料当中的，通过那天的“小事件”之后，总裁非常清楚，小文员是个深知应酬技巧的能手，并不是小文员把字打错，而确实是总裁把字念错了，小文员一句简单的“不好意思，是我的错”，表面上看是在主动承认错误，其实是在给领导一个台阶，这时候，正处在困窘状态的领导自然对细心体贴的下属心怀感激，成功“着陆”之后，平步青云自然离你不远了。

其实，故事中的小文员是一个聪明之人，他懂得“和稀泥”的艺术。但是这个词，总是让人们觉得是一个贬义词。人们总是觉得和稀泥的人没有原则，不坚持真理，把明明一清二白的东西弄得模棱两可。其实，反过来考虑一下，到底又有多少事情是必须要分出是非对错呢？像故事中的小文员虽然用一句“不好意思”承担了错误，但是错误明显就不是他犯的。但是，在这件事情上，根本没有必要分清孰对孰错，这就是“和稀泥”的艺术。如果真的为了这点小事争得你高我下、你死我活，那么损失是在所难免的，而且还不利于事情的解决。所以这时候就需要有一个“和稀泥”的角色，互相退让一步，这样既顾全了两个人的面子，又把小事化了，避免了把问题严重化。打圆场是一门技术活，“和稀泥”、打圆场的核心就是：调解纠纷，化解矛盾，避免尴尬，打破僵局。总之，一句简单的“不好意思”，却能从小事当中显出大智慧。

在职场上，领导始终是一个团队的核心人物，他的威望是可望而不可即的。任何一个成功的职场人士都不会故意去冒犯顶头上司，也会努力让领导避免尴尬。一个聪明的下属，不仅不会独揽功劳，而且还会在关键时候把错误揽过来，给领导足够的面子。自己承认错误，只是暂时会让你觉得“不好意思”，但是长远来说，这样做表明你才是懂得为人处世的那个人，你才会比别人有机会平步青云。

在生活上，也尽量避免让他人处于难堪境地，你的举手之劳对你来说轻而易举，但是可能会在别人心里留下难以磨灭的好印象。任何人都愿意充当好人，不愿意充当坏人，愿意听到赞美，不愿意受到惩罚，所以，有时候承认错误，让自己觉得“不好意思”，丢点面子，把过错留给自己，但是保全了他人的面子，塞翁失马，焉知非福，何乐而不为呢？

2

识破不点破，让对方面子上好过

朱自清先生说过：“人生不外言动，除了动就只有言，所谓人情世故，一半儿是在说话里。”可见具有高超的说话水平，在应酬当中占据重要的地位。具备高超的说话水平，是一个人获得社会认同的最便捷、最有效的手段，同样，具备高超的说话水平，也是成就一个人的强大的工具，使人前途顺畅的一个重要手段。

具备高超的说话水平很重要的一点就是做到识破不点破。尤其是指出别人错误的时候，说话的艺术显得格外的重要。

当你指责他人错误的时候，你的出发点本身是充满善意的，但是指责他人，是对对方才智的挑战，如果不注意方式，可能会严重地伤害对方的自尊心，进而伤害彼此的感情。这样的行为，就算对方能理智地接受，也坦诚地赞成你的见解，但是在对方的内心里，总不免会留下阴影，如果今后你们再有交往的话，或多或少会受到这些小过节的影响。所以，在应酬当中，有时候识破，但是并不点破，让双方心中都明白其中的道理，就达到目的了，说出来，不一定就能收到最佳的效果。

有一位年轻的律师，他办事一丝不苟，从来不马虎，是一个充满上进心的年轻人。因为他非常勤奋，表现也非常出色，法官允许他参加了一个倍受关注的案子的辩论，年轻的律师觉得自己能够获得这样的锻炼机会非常难得，所以他非常重视这个案子，反复研究好了多次，悉心准备了好久，希望能在这个案子上展露出自己做律师的才华。但这个案子牵涉一笔巨款和一项重要的法律问题，这是案子的重点，也是难点。为此，让这位年轻律师大伤脑筋。

在辩论一开始的时候进行得非常顺利，年轻律师表现也很优秀，无论是从辩论、回答问题，还是协助法官工作，都是无可挑剔的。法官对这位年轻的律师也连连点头，表示赞许。但是到快结束的时候，却出现了意外。有一位最高法院的法官对一个简单问题，犹豫许久之后，问这位年轻的律师："海事法追诉期限是6年，是不是?"这位律师怔了一下，还是立刻鲁莽地否定了法官的话："不是。海事法没有追诉期限。"

话音一落，整个法庭内立刻安静下来，法庭内的人都诧异地看着这位年轻人，对这种行为感到意外，因为，没有人当众指出过这位赫赫有名的法官的错误。法官的脸色也沉了下来，场内的气氛令人感到恐惧。突然的寂静，让这位年轻的律师也惊呆了，他也意识到自己不该当众指出这个问题，不过话已说出口，无法收回。辩论也一时陷入僵局。

在这件事情中，很明显，那位年轻律师的回答是对的，他诚实地指出了法官的错误，但法官却没有因为他的正直果敢而感到高兴。这是为什么？在这件事情当中，他居然在众目睽睽之下，指出一位学识渊博，声名远扬的资深前辈的错误，说话方式并不恰当，态度也不那么友善。想想如果是我们自己，在众人面前出丑，我们也比较难接受，更何况是一位名人呢？在当时的情况下，这位年轻人应该顾及法官的面子，而不是赤裸裸地把他的错误指出来。他可以用委婉的方式提醒这位赫赫有名的法官，让他意识到自己的错误，做到识破不点破，给他留足面子。年轻人可以这样回答：法官大人是在考验我吗？非常不好意思，这个我不太清楚，等辩论结束的时候咱们再探讨好吗？或者其他类似的话，那情况会大不一样，小律师巧用一句不好意思，把问题揽到自己身上，解了法官的围，法官自然会非常感激他在众人面前给自己挽回的面子，那么对他的好感也会多几分，年轻人的事业也许会因此而得到帮助。

喜欢赞扬而厌恶遭到批评是人类本性，就像女人天生爱美一样，人们对赞美的需求也一样非常高。在人与人的应酬当中，我们应该尽量避免当众直接指责别人，使别人面子下不了台。如果必须要指出的话，也一定要委婉、温和，点到为止，双方都心知肚明即可，千万别把话说得太绝对，要让人容易接受。

要做到这一点，也是需要在平时的生活中多加注意的。首先，要把话说“好”。

“好”的意思是，批评别人的语言要深思熟虑加工之后再表达出来，避免盲目直言不讳，要保证话语说出来之后，气氛仍然能融洽，没有人因为你的言语而丢面子，下不了台；还要保证言语说出来后，对话能够继续下去，不至于让前后的人因为你的一席话而处于尴尬状态；“好”还有很重要的一点就是说出来的话必须让犯错误的人受益，如果没有这一点，那么你的话语就是废话。

其次，要言简意赅。

当你当众批评他人错误的时候，言语越少越好，点到为止，最好能一两句就使对方明白，双方心知肚明即可。如果你出言不逊，当众点破他人错误，使对方陷于窘境，很容易使他人产生反感。正确的做法是，点到为止，然后转移话题，不要让众人过多关注这个过错。要知道精练而有技巧的语言可以使事件得到圆满解决，又不会产生任何副作用，但愚笨的言语不仅会让他人感到难堪，甚至使事情恶化。

3

主动出击摸清喜好，方能和对方“投缘”

每个人都喜欢听到别人的赞美，虽然也明白有些好听的话只是别人在奉承、吹捧你，但是在听到别人赞美的时候还是会喜笑颜开，心花怒放，对别人好感也不知不觉地多了许多。

莎士比亚也曾经说过："夸奖他事实上并不拥有的美德。"这句话也表明，在人际关系中，话语要因人而异、对症下药，而且我们要熟悉对方的喜好，从对方偏爱的地方下手，然后投其所好，多说一些对方爱听的话，对他多加赞美，这样，才会更容易赢得别人的好感，为进一步的沟通打下好的基础。

多说一些别人喜欢的话，做一些别人喜欢的事情，不要主观认为这些言行是虚情假意，它们不是曲意迎合，更不是虚伪的奉承，而是一种为人处世的技巧，没准你就会因为这些"小聪明"而受益，办事的效率就会大大提高。

有一对夫妻结婚十年，感情一直很好，但是非常遗憾的是一直没能生育孩子。无奈之余，妻子便养了几只狗，把感情寄托在这几只小宠物身上，对它们宠爱有加。

一天，丈夫下班刚回到家，妻子就向丈夫发牢骚：今天下午来了一个推销员，他十分卖力地推销自己的产品，当时，小狗们在他的脚底下欢快地跑来跑去，但是他却视而不见，无动于衷，甚至还一个劲地躲开它们，表现出厌恶的表情，他的行为让她很生气，因此她没有买那个推销员的产品，连他的话也没听进去，就赶紧把他应付走了。

过了几天，又来了一位汽车推销员，由于上次对那个推销员的印象不好，这位妻子对这位汽车推销员非常冷淡。但是，这位汽车推销员仿佛很了解这位妻子似的，一进来没有说过多关于推销汽车的事情，而是率先对这位女士养的几只狗逐一进行了赞美，说这几只狗都各有特点，有的很可爱，有的很英俊，有的一看就非常聪明，还说女主人对小狗照顾得非常周到，小狗个个都神采奕奕，干净整洁，接着又谈论小狗的品种……

听完他的话之后，女士心情非常好，就像遇到了知己一般，立刻对这位推销员产生了强烈的好感。跟女主人讨论完小狗之后，这位汽车推销员才开始讲汽车的事情，还时不时逗一逗小狗，表现出对小狗的喜爱，最后当推销员表明自己的来意时，她非常高兴允诺推销员周日和她的丈夫面谈。

星期天很快就来了，推销员如约而至，他非常懂得揣摩人的心理，不一会儿就说服了这位先生，使先生当机立断，买了他的汽车。

由此可见，投其所好是多么重要！故事中的第一个推销员就不懂得赞美他人，不懂得投其所好，无法赢得对方的信任和好感，最终失去成交的机会。而另外一位推销员，却不是这样，他一进来就观察到这位女主人家养了好几只小狗，就猜出女主人特别喜欢宠物，便暂时避开自己要推销的产品，主动出击，从宠物身上着手，投顾客所好，说她最爱听的话，获得好感之后，再介绍自己的产品，最终获得成交的机会。

的确，你和他人谈论他喜欢的事物的时候，也是他人对你产生信赖的时机，人与人之间的信赖建立之后，工作就会异常顺利，达到事半功倍的效果。也不要认为，投其所好是虚情假意的表现。适当的赞美，是人与人之间进行交际不可多得的良策。

其实，不仅在销售时投其所好非常重要，在平常的应酬当中，摸清对方喜好，挑别人喜欢的话题，也是谋事的关键的一步。人们对于赞美的需要，是与生俱来的，所以，在你需要说服别人的时候，直接表达又难以达到目的时，可以先观察其喜好，然后赞美他，进而打动他，如此往往会产生意想不到的效果。

当然，要想做到投其所好，有两点非常重要：一是要懂得察言观色，二是赞美要得体。

察言观色是人际交往的前提。应酬是一个互动的过程，在应酬当中，没有人会喜欢一个谈话只以自己为中心，而不重视他人的人。人们都喜欢和那些与自己有共同话题、共同爱好，能够和自己产生共鸣的人交往。做到这一点，就要有一双敏锐的眼睛，要善于观察，发现他人在细微之处传达的有用信息，并适当地加以利用和赞美，当别人了解到你关注的地方正好也是他所喜欢的，你就会赢得对方的好感，进而增加彼此之间的信任，建立起良好的关系，这样就为进一步的交流打下了良好的基础。

只懂得观察是不够的，赞美的话还要得体。虽然赞美的话人人都喜欢听，但是赞美的语言也不是随便夸奖几句就可以收到预期效果的。当看到一个用拐杖走路的老人，你夸奖他：这位老先生，您腿脚真利索。也许你的本意是觉得老人借助拐杖可以走得这么顺利，是非常不易的。但是在老人听来，这句话更像是在讽刺他，老人肯定不愿意跟你谈话。这时候你应该避开老人的腿脚，而说，这位老先生，您看起来真年轻，哪像这么大年纪的老人！或者说老先生您精神状态真不错！老人听到这几句话，就算不是真的如你所赞美的那样，但是至少他不会排斥你，甚至会觉得你这个人懂事，会说话。接下来的沟通会就“如履平地”。

此外，赞美的话还要注意分寸。比如，你见到一个小孩，当着母亲的面赞美孩子是投其所好的一个重要的方法。如果小孩看起来呆呆的，但你却对这个母亲说，他看起来非常聪明伶俐，活泼可爱。这样的语言在这里就非常不合适。虽然每位母亲的关注点都放在孩子身上，热切希望听到别人对自己孩子的赞美，但是你这样过分地夸奖让这位母亲听起来却虚情假意、毫无诚意，因为这位母亲非常清楚自己孩子的表现。你可以换一个角度来说，你孩子皮肤真白，或者身体真健壮等。这样，既体现了你观察细致，也会给他人留下好感。

总而言之，在应酬当中，要想做一个让别人喜欢的、有魅力的人，那就记住，多谈论别人感兴趣的话题，主动出击，投其所好，找出对方的兴趣所在，取得他人对你的赞同和认可，这是致胜的法宝。

4 言多必失，少说多听

在西方有一句非常著名的话：雄辩是银，倾听是金。而在中国也流传着“讷于言而敏于行”和“言多必失”名言。这些名言的深刻寓意是在教育我们要少说话，多倾听，多办事。在人的身体上，也长着两只耳朵，一张嘴，也表明要少说话，多聆听。在一些场合中，不说话是不礼貌的，但是过多的话语有时候会引起人们反感。在必要的时候，闭上嘴巴充当一个有素质的倾听者，反而会给别人留下好的印象，使你在应酬中游刃有余。

当然，不要觉得在众人聚集的场合，仔细聆听别人的言语而不说话会让你感觉到“不好意思”，你可能会担心出现冷场的局面，使气氛变得尴尬，其实，学会聆听并不是要我们不说话，而是在必要的时候才说，要说得恰到好处。可不要小看这一点点的“不好意思”，也许它会成为你人生重要的致胜法宝。

相传，在很久以前，有个外国的使者来到一个大国朝拜，向国王进献了三个用黄金做成的小人，这三个小人看上去金光灿灿，而且做工也异常精致，一看就是异常宝贵的珍宝，国王一看到这三个小金人，就非常喜欢，对它赞不绝口。可是小国的使者却提了一个问题，如果大国国王回答出来，才可以把小金人送给国王当礼物。

这个问题看起来很简单：这三个金人哪个最有价值？

国王绞尽脑汁地想这个问题，反复研究这三个小金人，但也没发现它们三个有什么不同之处。无奈之余，只好下召令请来全国各地有名的手工艺人进行鉴别，但始终没能找出它们的区别。离约定的期限越来越近，国王的脸色也渐渐阴沉下来。

正在这个紧要的关头，一位已经退位的外交大臣自愿申请帮国王鉴别这三个小金人。国王听了这个消息非常高兴，立刻毕恭毕敬地将老臣请到宫殿之上，请他鉴别。老臣拿出事先准备好的三根稻草，依次插入三个金人的耳朵里。在场的人都不清楚老大臣在做什么。

插入第一个金人耳朵里的稻草立刻从嘴里出来；第二个稻草也从另一个耳朵处出来了；而第三个金人，稻草进去后就没出来，直接进到了肚子里。老臣当场告诉皇帝说：第三个金人最有价值。外国使者也露出赞美的笑容。

这个故事告诉人们一个非常简单的道理，有时候，语言的价值不是在于说多少，而是在于能够时刻管住自己嘴巴、懂得聆听的人。

在人际交往中，最主要的方式就是交流，而交流最主要的工具就是语言，说话的效果可以决定我们办事的结果。如何在与别人的交流过程中，获得你想要的结果，了解到对方的想法、感情，最重要的方式就是多去聆听。

如果你总是口若悬河，滔滔不绝地对别人讲，在短时间内，别人可能会觉得你口才不错，认为你这个人容易沟通。但是时间久了，你就剥夺了别人说话的机会，别人就会感到厌倦，无心跟你继续沟通下去，事情自然办不好。

要知道，沟通不是演讲，它是一个互动的过程，只是单方面的热情，另一方肯定缺乏兴趣，久而久之，就会让人反感。在沟通这个互动的过程当中，说重要，聆听更重要。在聆听的过程中，你才会了解对方的想法，清楚对方的目的，会更加了解对方，知道采用什么办法解决问题别人才可接受。这样做，才可以在应酬当中掌握主动权，使整个过程朝着你所期待的方向发展。因此，学会聆听是锻炼应酬能力的一门必修课，那些真正懂得交往，在社交圈内如鱼得水的社交家，都愿意并且善于做一个倾听者。

但是做一个善于倾听的人，也是非常不容易的，这需要长时间的培养和锻炼。那么，做一个好的聆听者，都需要注意些什么呢?

首先，不要任意打断别人的话。

在任何场合中，无论和谁交谈，首先要做到的就是不要随意打断别人的话，这样是对他人起码的尊重。尊重他人是我们人际交往的最基本原则。别人正在说话的时候，贸然打断别人，是非常不懂礼貌的行为，是粗鲁而没有教养的体现，是非常容易给别人留下坏印象的行为。就算你对谈话的内容不感兴趣，你也不能突然打断谈话，然后开始另外一个你感兴趣的话题。况且，冒失地打断别人，把别人惹怒，还容易让自己处于尴尬的境地，让整个谈话无法进行下去。

其次，要有耐心。

做一个好的聆听者，需要持久的耐心。你要在别人诉说的过程中，保持兴趣，还要对讲话人表现出你的兴趣，让对话继续下去，这是非常不容易做到的。

比如说，在类似座谈会的场合中，没经验的人很少注意倾听别人发表的观点，甚至对他人的观点不加以思考，而胡乱解释别人的观点，陈述的时候也不注意言辞，以至于产生激烈的冲突，使会场上的气氛非常不和谐。会场看起来讨论得非常激烈，而真实的情况是整个会场的秩序非常糟糕。有经验的人则会在会议刚开始的时候注意聆听别人的观点，把它们搜集、整理、归类，仔细思考他人观点，而会议进行到高潮的时候，他们才提出经过他总结后的要点，给大家一点建设性意见。这种人才是最会抓准时机、最擅长表达的人。所以，要保证自己说出的话有分量，就一定要有足够的耐心。

还有一点非常重要，那就是要多思考。在聆听别人谈话的时候，有经验的谈话对象，往往是那些说话不多，但是最注意用心思考的人。对于别人表达出的凌乱不成型，甚至前后矛盾的观点，他们会加以整理、分析，最后在别人需要的时候表达出他的观点，这些人是维持整个应酬顺利进行的核心人物，是整个活动的引领者。所以，懂得思考、善于思考的人，才会从精神上掌握交际活动的核心。

因此，少说多听是一门非常高深的学问，要想学会它，需要在平时的交际中多留意、多观察。

5

大智若愚，在适当的时候装聋扮哑

生活中，聪明地办事会赢得他人赞许。但是，一味扮演聪明角色，甚至耍小聪明，就不可取了。须知，真正高明的处世之道是“大智若愚”。尤其是在适当的时候装聋扮哑，不但是有利的生存技能，还能通过圆融的相处艺术建立你与他人的良好关系，帮你赢得好人缘、增加信任感。

也就是说，聪明要分场合、分时候。在需要你聪明的时候，当仁不让，头脑清楚，总揽全局，做出正确的决定，关键时刻让他人对你刮目相看。在不需要你聪明的时候，要学会顾全大局，不能一味认真执着，和对方争得面红耳赤，这样会让他人认为你过分的聪明，锋芒外露。与其这样，不如装一下糊涂。水至清则无鱼，人至察而无友，只要你懂得装傻，而不是真傻，那就是大智若愚，是至上之人。

春秋时期，楚王为了拉近与大臣的距离，经常请宴请大臣们，而楚王也会专门为臣子准备好上等的美酒佳肴和歌舞，以显示他对大臣的重视。有一次，楚王又邀请臣子出席。席间歌舞妙曼，气氛融洽，楚王和臣子的兴致都很高。楚王下令让他最宠爱的妃子依次给他的属下敬酒以示敬意。但是就在这时候，忽然一阵狂风刮来，吹灭了桌子上所有的蜡烛，顿时，屋内一片漆黑，众人乱作一团。

正在下人们慌忙点灯的时候，有一位官员趁机摸了妃子的玉手，她也非常聪明，不甘心在黑暗中吃亏，为了使楚王能够抓住这个大臣，她就在脱手时把这个官员的帽带扯开了，只要点亮了灯，这个人就会露出马脚。随后，妃子急忙回到楚王身边，俯在楚王耳边悄声对他说："刚才有人趁乱羞辱臣妾。我把他的帽带弄开了，只要一点灯，就知道是谁，楚王要替臣妾处置这个大胆的罪臣。"

楚王听了这席话，思考了片刻，但他还是没有按照她所说的去做，而是大声宣布："今晚请各位臣子过来，就是想与众位爱卿一醉方休，来，大家都把帽子脱掉，让君臣共同畅饮一番。"这样，君臣都没有戴帽带，那件事是谁做的，也看不出来了。

就这样，楚王故意没有当众找出那趁机调戏他爱妃的大臣。对这件事睁一只眼闭一只眼，并不是楚王不够聪明，害怕点灯以后找不到那位大臣，而是楚王觉得这种解决办法更好，可以拉拢那位大臣。果不其然，后来楚王意欲攻打郑国，有一将领独自率领几百人，为三军开路，一路英勇杀敌，过关斩将，一直打到郑国的首都，而这个人就是当年趁机调戏楚王妃子的那位。正是因为当时楚王没有惩罚他，给了他一个恩惠，他感激楚王，并发誓终生效忠楚王。

在这件事情上，那位大臣没有想到楚王会这样处理这样事情，他十分敬佩楚王的宽广胸怀，也对当时自己一时头脑发热做出的傻事而心有余悸。也正是因此，这位大臣日后才会真心拥护楚王。而楚王聪明地利用了难得糊涂这一点。如果当时楚王顾及“面子”，立刻抓住这位大臣，处置他，那么他就会损失一位给他立下汗马功劳的忠臣。楚王对他的下属所犯错误的包容与谅解，使他深得人心，为他以后做出的丰功伟绩奠定了基础。他不成就霸业，谁能成就？

同样，在人际交往中，过分的聪明，追求所谓一时的“面子”，往往不是解决问题的好办法，反而会给别人留下过分悭吝、较真的坏印象，有时候睁一只眼闭一只眼，反而会让人觉得你宽容大度、顾全大局。当然，难得糊涂并不是无底线的放纵错误，也不是毫无无原则的姑息，它不是昏庸无能的体现，而是一种处世智慧。

过分聪明总是不自觉地与骄傲牵连，会让他人误以为你是一个骄傲自满的人。俄国生理学家、心理学家巴普洛夫曾经说过：“不要让骄傲支配了你们。由于骄傲，你们会在该同意的时候固执起来；由于骄傲，你们会拒绝有益的劝告和友好的帮助；由于骄傲，你们会失掉客观的标准。”没有这些过于聪明的表露，我们才会变得更加成熟，更加谦虚，我们才会进步和成长，我们才能比别人走得更远。

明代洪应明所著《菜根谭》中说道：“大聪明的人，小事必朦胧；大懵懂的人，小事必伺察。盖伺察乃懵懂之根，而朦胧正聪明之窟也。”这段话的意思是说，真正聪明的人，对小事必定得过且过；真正糊涂的人，对小事必定锱铢必较。对小事的锱铢必较是其糊涂的根本原因，而对小事得过且过则正是产生大智慧的根源。这教育我们，拥有才能不可全露，如果必须要表现，也应该适当保留，要知道，聪明外露，不如把智慧深藏。

事实确实如此，过分聪明，在一些场合中过分争夺自己的“面子”，不会有好结果，而那些在一些小事上装糊涂的人，并不是不要“面子”，他们才是真正睿智之人，他们对小事糊涂，得饶人处且饶人，只是吃一时之亏，却可以明哲保身，赢得别人的信任，在今后的事情上获利，处于不败之地。更难能可贵的是，这种人在大事上却决不会装糊涂，原则分明，能分清什么时候该糊涂，什么时候该聪明，在应酬中游刃有余。巧妙地利用这点“面子”会让真正聪明之人在生活中左右逢源，活得洒脱自在。

6

放低姿态，让对方和你产生共鸣

俗话说得好，会哭的孩子有奶吃。在家里，会哭的孩子得到父母的关注最多，父母也总是把大把的精力放在这样的孩子身上，而那些乖巧听话的孩子，往往是父母最后的关注对象，甚至有时候父母会忽略他的需求。同理，在人际交往中，放低姿态眼泪有时候也是求人办事的一个很好的办法，是人际交往的利器，我们可以利用它博得对方的同情心，让它在感情上倾向于你，进而达到寻求帮助的目的。

当然，这不是说我们求人办事的时候动不动就摆出一副楚楚可怜的样子，动不动要流下几滴酸楚的眼泪才是最好的姿态。而是要求我们在求人办事的时候可以放低姿态，向强势的一方展示出你弱势的一面，这样能够调动对方的同情心，让对方对你的遭遇产生共鸣，进而为问题的解决打下基础。这个方法尤其适合女生，当面对异常强大对手的时候，可以用以柔克刚的方法，适当地利用眼泪来展示出自己柔弱的一面，这往往会收到意想不到的效果。

有人认为眼泪是弱小的表现，在他人面前表现出来更是一件非常丢脸的事情，会让人觉得非常尴尬。其实不然，如果能利用好眼泪，在感情上占据优势，你就能掌控对方的感情线，赢得对方的同情心和责任心，如果所求之事是他分内的事情，他有责任解决问题，那么，眼泪会成为你成功的催化剂。

在美国，发生过这样一件事情。有一天，突然有一位老妇人来到律师事务所，她找到了正在办公的比尔律师，向他控诉她的悲惨遭遇。原来，她是位孤寡老人，丈夫在独立战争中牺牲，无儿无女，她靠丈夫的抚恤金勉强维持生活。但是，前不久，抚恤金出纳员勒索她，无理要求她交一笔好处费才可领取抚恤金，而这好处费占了抚恤金的一半，本来抚恤金只能勉强维持她的生活，再减少一半，更是雪上加霜，她当然不同意，而且这抚恤金是她丈夫为国牺牲才得到的，她也不允许别人剥夺她使用这些钱的权利。比尔听后决定免费为这位老人打官司。

在法庭上，因为出纳员是口头勒索，没有留下任何证据，被告指责原告无中生有，形势对原告极为不利。正在他们被逼得走投无路的时候，比尔十分沉着、坚定，他眼含着泪花，回顾了英帝国主义对殖民地人民的欺辱，并当众讲述了美国是如何受到英国的残酷压迫，爱国志士如何奋勇护国，如何在艰苦的环境中坚持战斗，为了美国的独立而献身的历史。

最后，比尔又提到这位老人，他说，她是众多牺牲的勇士的家属之一，在战争之前她也有一个幸福的家庭、一个美满的婚姻，如果不是战争，现在她也会子孙满堂，而战争使她现在孑然一人，但享受着烈士们用生命换来的自由和幸福的某些人，还要勒索她那一点微不足道的抚恤金，还有一点良知吗？这位无依无靠的老人，在向我们求助时，我们怎么能撒手不管？

说到动情处，比尔忍不住落下了眼泪，整个法庭里充满哭泣声，被告也意识到自己的做法非常不正确，不再否认自己的行为。法庭最后通过了保护烈士遗孀不受勒索的判决。

在这场没有证据的官司中，要想打赢是非常困难的，但是最后的结果却是老人胜了，这应该归功于比尔这位律师，他用富有感染力的语言，关键时刻动情的眼泪，掌控了在场观众及被告的心理，激起了他们的同情心，赢得了他们的信赖。观众和陪审团也因为这些令人感动的故事，相信了这位没有证据的老人的控诉，以至于他们最后都开始为老人辩护，而那位出纳员，也意识到自己的错误，良心发现，承认自己所做出的卑鄙行为。可见，有时候，采用合适的“眼泪战术”，是取得成功的一个巧妙的办法。毕竟，人心都是肉长的，谁都有正义感、责任心、同情心，适当的时候利用这些，可达到意想不到的效果。

步入社会之后，我们会遇到各种各样的人，实力远胜过你的人也不在少数。那么我们在与他们打交道的时候务必不可以“示强”，这样只能伤害到自己，而起不到任何作用。这时候，我们可以采取“眼泪战术”，向他示弱，来缩短双方的距离。以柔克刚就是这个道理，指用柔软的去制服刚强的。按照道家主张的学说，万物相生相克，强硬的东西不一定要用更强硬的征服，有时最柔软的事物才恰恰是它的弱点。以水为例，水最为柔弱，但柔弱的水可以穿透坚硬的岩石；以绳为例，绳子也相当柔弱，但柔弱的绳子却可把木头锯断。所以，眼泪有时候是办事的捷径。

利用眼泪战术的时候，要用适当的示弱来加大自己胜利的筹码。比如说，普通职员在上级领导面前可以显示自己经验、知识能力不足，见识窄，不擅长应酬等方面；成功人士可以向别人展示自己经历过无数次失败，让他人知道其实成功人士背后也有不为人知的失败经历，成功也并非万事大吉，而还要时刻警惕再次失败；漂亮的人可以向别人展示她的漂亮不是必要的资本，而自己缺乏的知识与能力，那些才是取得成功的重要砝码；那些因为运气而成功的人更应该向别人坦诚，自己只是由于侥幸而成功，其实自己能力水平方面还有很大的进步空间。有分寸地选择示弱内容，会让别人对你产生信任，这样才会为进一步的交流做好铺垫，才会为问题的解决打下心理基础。

使用眼泪战术要掌握分寸，有时候把握不好这个度，会起到相反的效果。要在适当的时候利用眼泪，但不要无休无止，否则会引起别人的反感和厌恶；但是程度太浅，往往又起不到博取他人恻隐之心的目的。所以，人应该懂得恰到好处的使用这一策略，运筹帷幄，这样才会成为人际交往中的常胜将军。

选择“不好意思”，持之有度，让生活变得更有“意思”

生活中总会遭遇迫不得已的境地，或是人际交往，或是事业成败。其实不是咬牙坚持到底才是真英雄，学会“不好意思”，灵活善用“不好意思”，会发现生活更有“意思”。

1

甘居人后，成就大业

生活中很多人总想高高在上，想当领导当老大，凡事不甘心屈于人后，好像低个头就是低人一等，就抹不开面子。如果他们身份地位低，就更加觉得颜面无光，所以他们不好意思轻易低头。殊不知一个真正有胸怀和抱负的人，并不是一贯保持着高高在上的态度，而是在适当的时候懂得低头、屈服，为的就是以后的成功。事实上，真正的强不是用强，而是用柔，真正的强不是一直都处于强者的地位，而是学会适当的低头，所谓要想进入一扇门，就须头低得比门框矮；要想登上一座成很高的顶峰，就得弯腰做好攀登的准备，就是这个意思。

可惜，很多人并不明白这个道理，在与人相处中，他们往往不好意思低头。实际上，人际交往中学会遇到事情能够先低头，事情会更顺畅。在职场也好生活中也好，低姿态可避免很多障碍，低头做一回“孙子”不是你就真的成了孙子，而是你可以谦卑的学会很多东西。

中国人从古代到现在都是这样，古训向来提倡“以忍为上”、“吃亏是福”，这是一种玄妙的处世哲学。常言道：识时务者为俊杰。说得难听一点就是要学会先当孙子，才能后来当爷爷。先人的经验告诉世人，不要一味地高仰着头，把别人都踩在脚底下，有时候要会低头。所谓俊杰，并非专指那些纵横驰骋如入无人之境、冲锋陷阵无坚不摧的英雄，那些只是一小部分的成功者，更多意义上的俊杰该是那些看准时局、能屈能伸的大智慧者，他们信奉“大丈夫能屈能伸”的道理，为了成功，他们甘于低头做孙子，最后抬头挥出最有力的拳头。

有人会问，当孙子是不是显得特别没尊严？可是想一想，哪个成功者是与生俱来的呢？他们不是一样要先从最底层做起，当好孙子，日后才能称雄。

吴王阖闾攻打楚国成功后，成了南方霸主。与吴国相邻的是越国，与吴国向来不和睦。公元前496年，越国国王勾践登基，决定出兵攻打吴国。两国开了一场大战，吴王阖闾满以为可以打赢，没想到打了个败仗，自己又因战负伤，一回到吴国，就咽了气。

吴王阖闾在战场受伤死后，他的儿子夫差即位。夫差记得父王临死前对自己说的话："不要忘记为吴国报仇。"夫差时刻不忘这句嘱咐，每次经过宫门，手下的侍者就高声呼喊："夫差！你忘了越王杀你父亲的仇吗？"夫差每每都会流着眼泪说："不，不敢忘。"

夫差为了给父亲报仇，叫伍子胥和奸臣伯嚭集结兵马攻打越国。结果越国战败，越王勾践被抓到吴国做了俘虏。吴王为了羞辱越王，让他做喂马等一些下人做的工作。勾践心里很不服气，但仍然做出一副谦卑又忠心顺从的样子。每次吴王出门，勾践就跑到面前牵着马；夫差生病时，他就在床前照顾，吴王看他这样尽心伺候自己，以为他对自己已经无比忠心了，于是就放勾践回国了。

勾践回到越国后，决定要报仇雪耻。他怕眼前的安逸富贵消磨了复仇的志气，于是决定在吃饭的地方挂上一个苦胆，吃饭的时候就尝一口苦胆，然后在心里问自己："你忘了会稽的耻辱吗？"他还不用席子睡觉，就用在吴国时候睡的柴草，就是提醒自己时刻不忘仇恨。

勾践决心要让越国富强起来，然后再出兵攻打吴国，一举歼灭吴国。于是他亲自到田里耕种，还叫夫人学习织布，来鼓励生产。因为越国此前遭到亡国的灾难，人口大幅度减少，勾践还制定奖励政策，鼓励生育，繁衍子民。在勾践的治理下，全国的老百姓都齐心协力生产，以助国家早日成为强国。

勾践整顿内政，努力生产，使国力渐渐强盛起来，他就和范蠡、文种两个大臣经常商议怎样讨伐吴国的事。公元前475年，越王勾践做好了充分准备，带着部队大规模进攻吴国，吴国之前败在齐国手下，现在国力不及，于是也失败了。越军把吴都包围了两年，夫差被逼得走投无路，就用衣服遮住自己的脸，自杀了。

后来勾践北上和中原强国联盟，几次征战，最终成为春秋时期最后一个霸主。越王勾践“卧薪尝胆”，终于成就了一番伟业！

历史上有名的君王都能够在必要的时候低下头，忍辱负重地等待反击，那么我们为什么不能学会在必要的时候低头做人，然后厚积薄发呢？

人人都有自尊心，可是关键时候也要学会用“好意思”低头来化解一时的挫败，目的不是低头，而是为以后赢得更大的自尊服务。

现实生活是残酷的，不会像故事里那样的美好和一帆风顺，很多人都会碰到不尽人意的事情，也会有很多人就在这时候退缩了。残酷的现实如果需要你迎难而上，那么你就要不畏惧的勇往直前；如果它需要你对人俯首听命，这样的时候，你必须面对现实，做一个“孙子”。我们知道，敢于硬碰硬，是一种壮士的坚强，可是，有时候胳膊拧不过大腿的，硬的不行我们就要采取曲线救国的策略。硬要以卵击石，只能做无谓的牺牲。

现实中，为了尊严和人前的形象而逞匹夫之勇，很多人都能做到；可是一个成功的人是百忍成金的，他们把面子当做身外之物，识时务者为俊杰。这样的大道理、大智慧却不是每个人都悟得出的，所以成功不是人人都做得到的，学会做“孙子”，以后才能当“爷爷”。

2

别不好意思，好马也吃回头草

“好马不吃回头草！”这句话不知使多少人丧失了成功的机会，又让多少人为了面子在当下不回头，事后却追悔莫及。绝大多数人在面临该不该回头时，往往意气用事，觉得回头了是一种极度没有面子的事情，虽然明知“回头草”又鲜又嫩，却为了面子怎么也不肯回头去吃，就怕别人说自己没骨气没面子，似乎自以为这样才是有“志气”，才是一个大丈夫的表现。其实，在面临回不回头的选择时，我们要考虑的不是面子问题和志气问题，而是现实问题：如果吃了回头草，是不是能给我们带来收获和进步？如果是，那么别不好意思，好马也应该吃一吃回头草。

当然，在你准备要吃“回头草”时，你还会听到很多周围人对你的议论，让你直接有消化不良的感觉，但只要你自己愿意去吃，养肥自己就可以了，不要太在乎别人的看法和眼光。何况时间一久，别人也会忘记你是一匹吃回头草的马，只会看到你成功了。而一旦你回头草吃得有成就时，别人不仅不会取笑你是不是吃了回头草，而是会佩服你：果然是有志气，是一匹“好马”。看，人就是这样，只会看到你的成就，所以，别介意有时候要吃回头草。

有一个年轻小伙子，工作的时候经人介绍，认识了一个女孩子，然后一见钟情，俩人很快就坠入爱河。可是谁知道他这位女友有些虚荣，不满足于小伙子的条件，这山望着那山高，在一次聚会上认识了一位高干子弟，这位高干子弟很会哄女孩子，而且又有着良好的家境，财力人力都好过这个小伙子。于是，女孩就和这个小伙子提出分手。

这时，小伙子正着迷在女孩子的魅力中，沉醉在爱情的甜蜜和幸福之中，女孩子提出分手让他非常接受不了，就像晴天霹雳一样，于是小伙子陷入失恋的痛苦之中，每天无精打采地混日子。在很长一段时间里，他整天郁郁寡欢、彻夜失眠。一种痛不欲生的感觉伴随着小伙子，这个原来朝气蓬勃的年轻人一蹶不振，丧失了生活的信心。为了使自己尽快从痛苦中解脱出来，小伙子把全部精力倾注在事业上，每天用繁忙的工作来充实自己，勤奋地努力着。功夫不负有心人，没过多久小伙子就在事业上取得了不小的成就。

就在小伙子开始走出失恋的阴影，事业开始小有成就的时候，女孩儿突然又找到他，跟他道歉，痛哭流涕地要求和小伙子和好。原来，女孩子与那位高干子弟相处了一段时间之后，发现他是一个只会哄骗女孩子、不求上进的花花公子，于是女孩断然与他断绝了往来。女孩想起和小伙子在一起的幸福快乐时光，和他相处的那些踏实的小日子，感到非常后悔，这时候女孩子才明白真正的幸福是什么，于是她就找到小伙子并恳求对方的谅解。当时，小伙子很是犹豫，因为谁都无法接受爱情里的背叛，可是又旧情难舍考虑到周围人的闲言碎语，该不该吃“回头草”呢？小伙子陷入了矛盾与困惑之中。

有不少人也劝他别心软，与女友彻底断绝往来，“好马不吃回头草”，万一她以后还遇到更好的，再抛弃你怎么办？“天涯何处无芳草”，大丈夫又何患娶妻……这些话不断充斥在小伙子耳边。小伙子是一个讲义气重感情的人，他忘不掉过去自己与女友相处的那段时光，还有女友身上的很多优点，更重要的是女孩子悔恨的泪水深深打动了小伙子，最后，他决定与女友重续旧缘。后来，经过一段时间的磨合和沟通，两人终于步入婚姻的殿堂，婚后家庭美满幸福，小伙子努力工作，女孩子也不再虚荣，而是勤俭持家，两个人过着幸福的生活。

当然，这样的事情并不多见，那是因为很多人都不敢吃回头草，怕这怕那，更怕大家说这句“好马不吃回头草”，好像这样就跌份儿了一样。吃回头草总是给人没有志气的感觉，所以人们迫于不好意思回头而让好机会溜走。须知，只要追随内心的感觉，就是最好的，至于是不是吃回头草，并不重要。

吃不吃回头草，怎样吃，吃了是不是比不吃好？我们应该考虑的不应是好不好意思、是不是有志气的问题，而应该是现实问题，是不是这样能够有收获，有意义。如果对我们来说确实有意义、有帮助，吃一回回头草又何妨？我们又何必死要面子活受罪？

生活是我们自己的，在追求成功的路上，我们不要太在乎别人的看法和说法，不要因为不好意思而不敢做一些在别人看来跌份儿，对自己却大有益处的事。其实一个人不怕没有展示自我的空间，就怕没有让人敬佩的真功夫，也怕畏首畏尾、畏惧流言蜚语的不坚定，只要最后达到成功，就没有人会在乎你是不是吃了回头草，他们只会说，你看，某某多有胆识，不怕因为不好意思而去吃回头草。他们只会敬佩你的勇气，崇拜你的成就。

所以，在必要的时候，我们不妨吃一下回头草，这不是一件不好意思的事情，这是在衡量大是大非之后果断的明智决策。

3

不要不好意思，最终的成功才是硬道理

一句“不好意思”，不仅能化解尴尬，有时候也会成为事情成功的助推剂。一般人会以为承认自己错了是件很失面子的事，所以很少有人能做到主动认错。其实并非如此，如果你知道别人要批评你，不妨在他说出之前，自己先主动地作一番自我批评，别不好意思，这是先发制人的手段，这样一来，十有八九他会采取宽容的态度，原谅你的过错。然后你就会离成功解决问题更近一步。不要不好意思承认自己的错误，有时候一句“不好意思”带来的是你意想不到的转机，它会超乎你的想象。

卡耐基住在纽约最繁华的市中心一带，他家附近不远的地方有一大片原始森林，卡耐基没事的时候总会带着他的小哈巴狗到那儿散步。由于森林里没有什么人来回出没，所以卡耐基经常不给狗戴口套、拴皮带。

有一天，卡耐基带着狗散步时遇到了一位警察，这位警察不高兴地说：“你不给你的狗拴皮带，也没有给它戴口套，就让它在这儿乱跑，难道你不知道这样做是违法的吗?”“不，我知道。可是这里没有什么人，我的狗也不会乱咬人，所以我想它不至于在这儿做出什么坏事来。”卡耐基解释道。因为他认为自己的狗很乖，所以就没有想到会不会犯法。

“你认为它不会，你是它吗？况且你把法律放在哪里？法律不管你是怎么想的！这狗可能会咬死松鼠，咬伤小孩，这一回我先放了你，可是如

果再有下次我看到你还是不给你的狗拴带子戴口套，那么我就不会只是在这里指责你了，你就要自己到法官那里去说清楚。”后来几次再散步时，卡耐基真的是完全按照那位骑警的话做的，因为他也是一个守法的好公民，而且也怕万一狗伤着小松鼠之类的，那就罪过了。但有一天，卡耐基又没有为狗戴口套，很不幸的是他又碰上了那位警察，在警察叫住他的时候，他灵机一动，与其让警察再一次训斥，不如自己主动承认自己的错误！他连忙说道：“警官先生，真是不好意思，这回您又当场逮住了我。是我的错，是我不好。我这回没有话说，也没有借口了。上星期您已经警告过我——如果我不给这狗戴上口套就领它来这儿，您就不会只是警告我这么简单了，我就要去法官那里为自己辩解和接受处罚了。”

本来警察是要训斥他，让他意识到自己的错误，以免以后还会这样带着狗出来，可未等警官开口，卡耐基已经认错了，警官憋了一肚子的指责就无法说出口了。结果警官语气平和地说“哦，我知道，其实有时候这边人就是很少，在周围没人的时候让这只可爱的狗在这儿自由自在地奔跑是一件很惬意的事，毕竟它们也需要自由。”

“是啊，这样它的确是惬意，可是这样这毕竟是违法的。”卡耐基对自己不依不饶。“啊，没关系，偶尔一次没事的，况且这样小巧的狗是不会伤害人的。”

“不，它会咬死小松鼠的，还有其他小动物，这样可是罪过了。”

“好了，好了，我觉得你今天有点太小题大做了，我告诉你怎么办，现在你就让它跑到山那头去，这样我就看不到啦，然后我就假装没有看到这一幕，然后，我们就都忘了这回事。”

难以相信吧？威严的警察对待同一件事情，态度判若两人。为什么会这样？是因为卡耐基的“好意思”低头认错。试想一下，如果不是卡耐基自己先承认错误，先低头，那么警察会是什么反应？警察一定会竭尽全力证明卡耐基的行为是违法的，然后气愤地指责卡耐基，并且很有可能把他带到法官那里去，卡耐基的一句“不好意思”和主动认错，让他赢得了满意的结局。所以关键时刻一句“不好意思”避免冲突或矛盾的良药。

同样，在生活和处事中，当我们做了一些不太正确的事情之后，自己不要太爱面子，要学会说“不好意思”，说“我错了”，这不是丢人的事情，是一个人胸怀宽广敢作敢当的表现，不要怕不好意思认错、不好意思低头，善于说一句“不好意思”换来的也许就是成功和肯定。

遗憾的是，很多人做不到这一点，他们往往囿于自己的“身份”而不肯放下身段，他们常常这样想：“因为我是这种人，我就要有怎样的一种姿态，一种气势，所以我不能去做那种事。”而越自命不凡的人，就越是高估自己的地位和身份，自我限制也越厉害，千金小姐不愿意和她的女同桌吃饭，博士不愿意当基层管理员，高级主管不想主动去找下级职员，知识分子不愿意去做体力工作等，都是自我标签太严重的后果。他们认为，如果那样做就有损他的身份和面子。这种自我的肯定和高估其实不利于人际交往，这样在遇到尴尬或者为难时，不能很轻松地以一句“不好意思”来避免，反而会增加自己的困扰。

所以说在成功面前要敢于挑战、敢于冲破心理的障碍，这样更能尽快接近成功。如果一个人总是禁锢在自己的圈子里，很难事事都合心意，所以一旦遭遇逆境就很容易受挫。很多时候要学会放下自己的所谓身份，一定会有不一样的收获。

4 该硬的时候要狠下心肠

生活中经常有人针对一件事这样说：“这样做是妇人之仁，是会留后患的。”其实很多时候真是不能心慈手软，尤其在商场上，一时的心软反而会置自己于不利境地。

很多成功商人的例子告诉我们，能够让自己的心肠硬一些，思维变果断一些，这是成功所需要的。因为这样就会在激烈的竞争中不被妇人之仁所困扰，顺利打开局面。那么在这个时候如果要成功，就不能温柔示弱，而是要强硬反击。没有一个成功者是时刻怀揣慈悲心肠的。

在弱肉强食的商场，只有果敢冷静，才能达到自己的目标。所以，在成功的路上不要总是怀揣妇人心，必要的时候是需要"翻脸"的。

经商和生活不一样，生活中需要感情，可是商场是弱肉强食的战场，"世界上只有永恒的利益，没有永恒的朋友"这句话说起来冷酷，但是在大多数时候，它却是真理。做企业的人，应该时刻铭记在心，不能因为一时手软断了自己的路。

武东福，是湖南衡东现代节能工程有限公司董事长。他是一个聪明的商人，也是一个白手起家创业的典范，可是他最大的弱点就是太心慈手软。当把自己的事业做得风生水起的时候，他心里依然想着那些江湖上的朋友，于是把他们都找到了，并招到自己的门下。他给予他们最好的待遇，甚至宁肯自己吃亏，也决不肯让朋友吃亏。

20世纪80年代初，国家花费大量人力物力研究乳化炸药承载体，也为此请了国内外的许多专家能人，可是最终也没有成功。却让一个只有小学文化水平的武东福竟把东西搞成了。一下子他的声名大噪，各大媒体争相采访，连中央电视台都来做了专题报道。凭借着技术，武东福顺势成立了自己的节能工程公司。趁热打铁，公司很快搞得红红火火。武东福成为了"湖南省第一个百万富翁"，一时间他的名字印在了各大杂志报纸的头版上面。

但是武东福是怎么想的呢？他不像很多企业家那样，有高瞻远瞩的抱负和宏图，他想的是自己能走到今天的成功离不开那些和自己一起打拼的弟兄们。现在自己有钱了，成功了。绝对不能亏待了手底下这些兄弟。于是武东福就想帮着他的这些"兄弟"。于是花费极大的财力物力，在自己的节能公司底下成立了十几个分公司，好兄弟一人一个，并且不需要上交利润，只是象征性地收一些管理费，然后就任由兄弟们去赚钱。

可是他手下的这些“好兄弟”又是怎么回报他的？他们用着他的品牌，花着他的钱，开始还按时交一些管理费，但是管理费很快就变成了打白条，以各种借口抵赖。可是这么多年武东福没有一次要求他们补上管理费的。武东福的“好兄弟”们后来不但不交管理费，还想方设法从他那里弄钱，他们为了挣钱，还要求武东福担保贷款，每一次他都是有求必应。武东福的“好兄弟”们认准了他讲义气了他这一条，并且吃定了他这样的特点。办企业十几年，武东福不但没有从他的“好兄弟”那里得到什么好处，反而为他们背上了一身债务。可是他依然没有说什么。

为了照顾和自己打拼多年的弟兄们，武东福办公司这些年从来没有向外面招聘过一个高级管理人员和大学生。他的理由是：“这些人一旦进来之后，会看不起我这帮农民兄弟，然后会想方设法赶他们走。”所以，武东福办企业十几年，自己的账上竟然没有留下一分钱的积蓄。

武东福的公司在经过最初几年的红火之后，很快就陷入了亏损境地，不是不挣钱，是禁不住他这些兄弟的破坏。公司很快由红火而至平淡，由平淡而至落寞，可是武东福自己居然一点都没有意识到。

就是在他最困难的时候，他还捐出100多万元去搞福利事业，去帮助穷人。武东福自己也很快变成了一个穷人。2000年8月，武东福因为一张别人拿来抵债的价值两千多万元的虎皮而被逮捕。在牢里坐了四个月后，他发现自己昔日的那些兄弟早就离他远去，十几家分公司里只有两家的兄弟还在坚定地等着他，要和他一起东山再起。

这就是妇人之仁，这最终导致武东福无法翻身。像武东福这种人，说到做人是个绝对的好人，可是如果要做企业，这么妇人之仁，一定会失败。“但愿君心似我心”，这样的要求在现代社会，尤其在如战场一样的商场里是不可能的。当感情不能战胜理智，很多不可思议甚至荒唐的事都会发生。

我们不是说做人不要讲仁义道德、不要讲感情，只是不是什么时候都适合讲感情。有时候不要不好意思去翻脸，你如果不好意思，别人就会很好意思地把你打败。比如在商场，比如在战场，比如在竞争激烈的大环境之下。我们不能因为妇人之仁就丢了大局。这样没有任何益处，只能带来无尽的悔恨和无法挽回的错误。

有时候该翻脸的时候就翻脸，不是不讲道德、不讲人情味，真的是有些事情不得不公事公办，或者说尤其对于那些明明就不对的事情，我们还仁慈地包容，那么我们得到的只有失败和沉重的打击。所以，不要一味怀有仁慈之心，有时候该翻脸就要翻脸，因为不是任何时候都要用感情来生存，还有时候需要果断的拒绝和冷漠。关键时刻要有一股狠劲，别因为不好意思丧失了掌控局面的机会，让自己在妇人之仁中败下阵来。

5
做一棵“墙头草”，风往哪里吹就往哪里倒

我们平常说一个人没有主见、人云亦云的时候，就会说他是“墙头草，随风倒”。“墙头草”不是一个褒义词，是没有自我主见的比喻，可是有时候，我们就是要学会在人际交往和处事中做一棵墙头草，风往那里吹就往哪里倒。别不好意思去人云亦云，这其实是大智慧。

这里所谓的“风往那里吹，就往哪里倒”是告诉我们有时候不要太张扬个性，要学会低调，学会随大流，我们都知道树大招风，所以，有时候要学会跟着大多数走。

信陵君是魏王的同父异母的兄弟，他是一个有才华又有胆识的人，所以在当时名列“四公子”之一，他的知名度非常高，街头巷尾无人不知无人不晓，因此仰慕信陵君而奔走前来探访的门客竟然多达3000人。可以说信陵君当时就是一位名副其实的大明星。

有一天，信陵君正和魏王闲来无事，就决定一边赏景一边摆个棋盘，在宫中下棋。正较量到兴起之处，侍者来报，说是北方国境似乎有狼烟升

起，有可能是敌人来袭。魏王一听到这个消息，很着急，于是立刻放下手里的棋子决定马上召集大臣商讨应对敌军的事宜。

可是看看坐在一旁的信陵君，依然拿着棋子琢磨下一步怎么走，一边还不慌不忙地阻止魏王，说道："大王先别着急，狼烟升起不一定就是敌人来犯了，或许是邻国某个君主兴起，围猎导致。万一不是敌军来犯，而是我们的边境哨兵一时看错，把围猎队伍当做进军队伍来袭呢。所以，不要着急，再等等吧。"过了一会儿，又有侍者来报说，刚才升起的狼烟报告敌人来袭，是错误的，事实上是邻国君主在打猎。是我们的士兵看错了，所以导致这样的错误。

于是魏王很惊讶地问信陵君："你怎么知道这件事情？"信陵君这时候脸上挂着自信的笑容，很得意地回答："我在邻国每一处都设有眼线，所以早就知道邻国君王今天会去打猎。"可是魏王听了以后很是担忧，觉得信陵君太不容小觑了，这样是不是在我身边也有眼线？从此以后，魏王对信陵君开始逐渐地疏远了。后来，由于信陵君平时风头太盛，处处显尽自己的才华和谋略，受到别人的诬陷，彻底失去了魏王的信赖。失去了魏王的信赖和支持，信陵君晚年沉溺于酒色，孤独老死。

任何人有了别人没有的才华和谋略，再受到赏识，难免会产生一种优越感，可是时间久了，对于这种旁人不及的优点，我们必须学会隐藏起来，以免招祸。像信陵君这样知名的大政治家，因一时不知收敛而导致终生遗憾，岂不可惜？

由此看来，"出头的椽子先烂"，正是人生痛苦经验的总结。如果不总是暴露在阳光日晒下，或许不会烂得那么快，或者根本就不会烂掉也说不定。

《易经》上说："君子藏器于身，待时而动。"无此器最难，有此器不患无此时。锋芒对于你，只有害处，就一点点的好处也仅仅是能够让别人知道你的突出，可是这种突出会给以后的职场生涯埋下祸根。如果你的额上生角，必定会触伤别人；这时候如果你自己不把角磨平，那么自然会有别人来用力折断你的角。一旦被别人折断，那么就不是自己磨平那么简单了，必定混着血肉，那么痛苦的依然是你自己。

墙头草往往被人看不起，领导也是更想要有见地的员工。所以锋芒是刺激大家的最有效方法，领导都喜欢拿出很多计划和方法来刺激员工，看看谁最有本领和头脑。可是若细细看看周围的同事，我们不难发现，凡是处事上有很多经验的人，他们则和我们设想得完全相反，一个个都是属于深藏不露类型的。难道真的是他们没有新颖的创意和点子吗？如果不是，又为什么好像他们都是庸才？

其实不然，他们是把墙头草的处世哲学发挥到了极致。其实他们都是能言善辩的人才，只是不显露自己而已。他们看起来好像个个都心无大志，可是古话说得好：谁知颇有雄才大略而愿久居人下者？意思就是有雄才大略的人都不是爱出风头之人，而是深居简出甘于人群之中。他们明明就有不同于常人的智慧，却不肯在言语、行动上露锋芒，这是什么道理？因为他们知道树大招风，所以有所顾忌。一旦崭露头角，言语锋芒，便要得罪旁人，被得罪了的那些人就会与你疏离，甚至成为你的阻力、破坏者。所以那些大智慧者都不是出风头之人，反而他们很沉默，尽量隐藏自己于人群之中。

试想一下，如果你的四周，都是你的阻力或你的破坏者，在这种情形下，你连最基本的立足之处都没有了，哪里还能实现你扬名立万的目的？年轻人往往都不懂得谦卑，或者说低调，反而刚刚步入职场，就想着怎么样引起领导的注意，怎么表现自己，怎么得到别人的另眼相看，结果往往树敌太多，与同事不能和谐相处，就是因为言语锋芒的缘故。言语所以锋芒，行动所以锋芒，是着急要别人知道自己，并且记住自己的原因。那些身边处世有很多经验的同事，所以能够韬光养晦，也是因为曾受过了这种教训。

所以做人做事就要学会掩藏自己的锋芒，不要不好意思去做一棵墙头草，学会必要的时候随大流的生存，关键时刻再展示自己是很受用的。

6

厚着脸皮做人，硬着头皮办事

所谓的厚着脸皮，不是说要一个人完全不顾及自己的自尊和面子，而是在适当的时候要学会低头、学会谦卑，这样才能成就大事。所谓硬着头皮办事，就是在遇到一些困难时，不轻易就放弃、妥协，拿出一股倔强的劲头，非要啃下硬骨头。

中国人最要面子，其实很多时候脸皮不是第一位的，尤其在面对工作、决策和人生转折的时候，该放下面子就要放下。厚着脸皮去争取机会、抓住机遇，都是成功的一种。很多成功者都有过这样的过程，厚着脸皮做人，硬着头皮做事。换来的不是别人的不屑，而是自己的成功。

小张和小刘是同班同学。小张是学生会主席，在学校得到很多锻炼，为人处世成熟老练。小刘文才好，是学校出名的才女，在权威杂志上发表过诗歌作品。有一年，他们学校所在的城市某个杂志社招人，学校就推荐了她俩去杂志社做实习生。杂志社的工作程序是这样的，启动下一期杂志之前，先要开选题会，讨论选题方向，然后再把题目分派给每一位编辑去执行。实习进行了没多久，小张凭借着她的能力就破格被提升为首席编辑，小刘仍然还是一名实习编辑。

有一次，编辑部正好没有其他人，小刘和一位很好的老编辑谈起她的苦衷，说她是喜欢这个工作的，也想有好的表现，也努力认真地对待平时的工作，可为什么不能像小张那样出色呢？为什么小张明明没有自己有才华反而得到重用呢？她边说边掉泪，恨自己没用，这位老编辑看到小姑娘这样委屈，就说出了令小刘反思很久的一席话。

老编辑给小刘分析道："你想想，每次开会你们俩是什么状态？小张总是知无不言，言无不尽，不管想法是好是坏，是不是有人反对，她都敢大胆地说出来。而且，她总是主动承担尽可能多的题目，这里面还包括一些难题，你想想，你有见到她说‘不’的时候吗？没有。”老编辑说到这，小刘已经在思考，而且有一些疑问了。老编辑接着说道：“那好，论起点，你们两人可以说是不分上下，一个学校一个专业出来的高材生，论写作，你甚至比她更有优势啊，你的文笔比她还要好一些呢。可是你俩差距的原因在哪里呢？”小刘说，她也不是一点想法都没有，相反很多次她都有一些很新颖的创意，不说出来就是怕通不过反而被人笑话。再说，对杂志社那些时尚休闲一类的题目她很少涉及，平时除了看书、上网，基本上是足不出户，所以这方面可供利用的资源几乎没有，所以在这一版块的讨论中她就无法发言了。

可是实际情况是，为了做题目，小张经常会尝试陌生采访，很多时候会碰壁，甚至受委屈、丢面子，可是她都没有放弃。一般的商家觉得无利可图，懒得理她，甚至像对付上门推销者那样，或是敷衍她几句，或是直接下逐客令。有人问小张，碰钉子的感觉如何，小张笑着说，出了门我就忘了，赶紧再找下一家，哪有那么多时间顾及自己的面子啊。

作为同学和同事，小张难道就是只管自己发展，就没有想过要帮帮小刘吗？其实不是这样的，作为一个学校出来的同学，曾经有几次小张自愿给小刘当开路先锋，而结果总是不欢而散，遇到一些困难和分歧，小刘要么缩在后面一言不发，怕万一丢了面子多不好意思；要么干脆撒手不管了，这样丢人也不丢她的人，成功了她也不会去考虑是不是自己去也能得到同样的结果。

试想如果小刘学会厚着脸皮去虚心接受和学习一些东西，那么她和小张还会有如此大差距吗？

因此，一个人如果想在社会上走出一条路来，就要学会适时地放下身份，也就是放下你的学历、家庭背景、身份，没有一个成功的人是天天把脸面看得比命重要的。学会弹性地控制自己的心态，适当时候采用“不好意思”的心态去面对，让自己回归到“普通人”的身份，看淡一些表面的所谓尊严和面子，同时，也不要在乎别人的眼光和批评，不要因为外界的指责就不敢尝试、不敢前进。做你认为值得做的事，走你认为值得走的路，这样，不好意思的事情就会变得很有意思。

在人的一生中，选择是一种勇气，这需要足够的灵活应对。有的人总是想活在高高在上的位置里，那么就不得不丢掉很多的真实的东西，比如虚心；有的人不在乎是不是比别人矮一头，只要能够使自己更好，就可以厚着脸皮做一些别人不屑于做的事，最后硬着头皮啃下一块硬骨头，最后，我们就会发现这样的人才是最有尊严的人。所以，不要在乎别人的眼光，不要在乎自己的面子，只有冲破自己，学会低头，才能取得成功。

总之，在适当的时候学会放低身段，谦卑做人，厚着脸皮去努力，硬着头皮去办事，我们才能创造出别人达不到的成就和更大的辉煌。掌握一套“不好意思”哲学，会让生活充满轻松和乐趣。